AF499665

MEMOIRE
SUR LES MALADIES ÉPIDÉMIQUES DES BESTIAUX,

QUI A REMPORTÉ LE PRIX PROPOSÉ PAR LA SOCIÉTÉ ROYALE D'AGRICULTURE DE LA GÉNÉRALITÉ DE PARIS,

Pour l'Année 1765.

Composé par M. BARBERET, Médecin Pensionnaire de la Ville de Bourg en Bresse, Ancien premier Médecin des Armées, Membre de l'Académie des Sciences de Dijon, & imprimé par ordre de la Société.

AVEC DES NOTES INSTRUCTIVES. Par Bourg

Chalette

A PARIS,

Chez la Veuve D'HOURY, Impr. Libr. de Mgr le Duc d'Orléans & de la Société Royale d'Agriculture, rue S. Severin, près la rue Saint Jacques

M. D. CC. LXVI.

Avec Approbation & Privilege du Roi.

LA Société Royale d'Agriculture de Paris, en donnant le Prix au Mémoire de M. Barberet, a couronné celui qui de tous ceux qui lui ont été présentés, a le plus approche des vûes qu'Elle a eues dans le premier Programme qu'Elle avoit fait publier. Elle a été persuadée que l'impression de cet Ouvrage pourroit satisfaire le Public; & pour le rendre encore plus utile, Elle a cru devoir commettre & nommer un de ses Membres à l'effet d'y ajoûter des Notes dont l'étendue & l'érudition le feront aisément reconnoître.

PRIX

Proposé par la Société Royale d'Agriculture de Paris.

LA Société Royale d'Agriculture a adjugé, dans son Assemblée du 16 Mai 1765, le Prix qu'elle avoit proposé au meilleur Mémoire contenant *la description, les causes, les effets & la curation des Maladies épidémiques & contagieuses des bestiaux, les moyens de les prévenir & d'en empêcher les progrès*, à la Piece N° 35, qui avoit pour devise :

Ecce autem duro fumans sub vomere taurus
Concidit, & mixtum spumis vomit ore cruorem.

L'Auteur est M. *Barberet*, Médecin pensionné de la Ville de Bourg & de la Province de Bresse, ancien premier Medecin des Armées, & Membre de l'Académie des Sciences de Dijon, demeurant à Bourg en Bresse.

La Société persuadée que dans toutes les Sciences physiques, la connoissance des faits doit toujours précéder la théorie, & qu'elle seule peut conduire à une pratique sûre, propose aujourd'hui pour le ſujet du Prix de l'année 1766, qu'elle doit diſtribuer au mois de Juillet 1767.

L'Hiſtoire de toutes les Maladies épidémiques des Beſtiaux & des Animaux de toute eſpece, qui ſe trouvent décrites dans les Auteurs anciens & modernes, celle des cauſes qui ont pu les produire, & des remedes qui ont paru les plus efficaces pour les combattre.

La Société deſire que les Auteurs ne bornent pas leurs recherches à celles des maladies qui ont été décrites dans les Ouvrages de Médecine, mais qu'ils raſſemblent auſſi celles dont il eſt fait mention dans les Hiſtoriens, & même dans les Poëtes ; qu'ils diſcutent ces deſcriptions, & qu'ils tâchent de les lier les unes aux autres, afin d'en former un corps de doctrine qui puiſſe éclairer ſur cette branche de l'économie ruſtique.

Comme M. *Barberet*, dans l'Ouvrage qu'elle vient de couronner, a déjà donné quelques-unes de ces deſcriptions, dont il a ſçu tirer de grandes lumieres pour déterminer la nature de ce genre de maladies, elle l'exhorte à étendre ſes recherches ſur cette matiere, & le verra concourir avec plaiſir à ce nouveau Prix. Il ſera de douze cens livres, & ſera adjugé dans une aſſemblée de la Société, au mois de Juillet 1767.

Les Pieces qui ſeront envoyées pour concourir, doivent être remiſes dans les trois premiers mois 1767, à M. de Palerne, Secrétaire perpétuel de la Société, autrement elles ſeront rejettées.

Les Auteurs ſeront les maîtres de compoſer en françois ou en latin; ils ne mettront point leurs noms ſur leurs ouvrages, mais dans un paquet cacheté, portant un numéro pareil à celui de la Piéce, avec une même deviſe ſur l'un & ſur l'autre. Ces paquets ne ſeront ouverts qu'après le jugement du Prix.

Toutes perſonnes ſeront admiſes à concourir, à l'exception des Membres & Aſſociés qui compoſent la Société Royale d'Agriculture de Paris. Les Piéces ſeront adreſſées à M. de Sauvigny, Conſeiller d'État, Intendant de la Généralité de Paris, qui fera paſſer aux Auteurs les récépiſſés du Secrétaire de la Société. Le Secrétaire délivrera le Prix à celui qui lui repréſentera le récépiſſé de la Piéce couronnée; il n'y aura point d'autre formalité.

MÉMOIRE QUI A REMPORTÉ LE PRIX proposé par LA SOCIÉTÉ ROYALE D'AGRICULTURE DE LA GÉNÉRALITÉ DE PARIS.

Année 1765.

Ce Mémoire a pour devise,

Ecce autem duro fumans sub vomere taurus
Concidit, & mixtum spumis vomit ore cruorem. N°. 35.

LA DESCRIPTION, LES CAUSES, *les Effets, la Curation des Maladies Épidémiques & Contagieuses des Bestiaux, les Moyens de les prevenir & d'en empêcher les progrès.*

Es Bestiaux sont pour l'homme d'un si grand secours, qu'il entendroit mal ses intérêts, s'il négligeoit quelqu'un des moyens propres à les conserver. Soumis à notre empire, ils nous prêtent leurs forces ; ils labourent la terre ; ils l'engraissent ; ils fournissent à notre nourriture & à nos vêtemens. Comment peut-on négliger des animaux dont on reçoit tant de services ? Veiller à leur conservation, n'est-ce pas veiller à nos intérêts ? Si l'on fait, chez une Nation que nous regardons comme barbare, des legs pour subvenir aux besoins des chiens & des oiseaux, que ne devons-nous pas faire pour les bestiaux, animaux beaucoup plus utiles, & qui méritent à tant de titres la préférence ? Je n'ai pas besoin de dire qu'il seroit extrêmement avantageux d'observer les maladies qui les enlevent, de chercher les moyens de les prévenir, de les combattre avec avantage, d'en empêcher les progrès, & de dissiper ces épidémies qu'on voit de tems en tems ravager les campagnes & ruiner les Laboureurs : Tout le monde sçait de quelle importance est un pareil projet (1). S'il est difficile à exécuter, le plaisir de travailler utilement, & l'espérance d'obtenir les suffrages d'une Société célebre, sont un motif assez puissant pour nous engager à surmonter les obstacles qui se rencontrent dans l'exécution.

Les Maladies contagieuses (2), qui ont attaqué le Bétail en différens tems, ne ſont pas de la même nature. Les Auteurs, qui en ont fait mention, leur ont aſſigné différens caractères. Nous décrirons d'abord celles dont ils ont parlé, & enſuite celles qui ont paru de nos jours : ce n'eſt qu'en s'inſtruiſant de ce qui a été obſervé dans les Epidémies paſſées, qu'on peut apprendre à ſe précautionner contre celles dont on eſt menacé ; car il n'eſt que trop certain que celles qui ont déjà parû reparoîtront de nouveau, comme nous aurons occaſion de le remarquer ; & ſi l'on peut parvenir à bien connoître & à bien traiter les Maladies qui attaqueront les animaux, ce n'eſt qu'en étudiant celles dont ils ont été atteints (3).

Ce feroit vainement qu'on remonteroit aux Siècles éloignés pour s'inſtruire des Epidémies, de ces fléaux qui ont enlevé le Bétail. Ce que les anciens (4) ont dit à ce ſujet nous mettra peu au fait de ces Maladies. On voit, à la fin du troiſiéme Livre des Géorgiques, une deſcription de la mortalité du Bétail, mais elle eſt d'un Poëte qui donne l'eſſor à ſon imagination, & qui ne décrit pas une épidémie particuliere, mais les ravages d'une épidémie quelconque. On trouve dans Celſe des recettes pour pluſieurs maladies des chevaux, des bœufs, des brebis ; on y chercheroit inutilement la deſcription des épidémies ; il n'eſt preſque fait mention, dans le ſixiéme & le ſeptiéme Livre (5) de Columelle, que des maladies des beſtiaux ; il s'étend beaucoup ſur les remédes qu'il croit propres à ces maladies, très-peu ou point du tout ſur leur nature, & ne dit pas un mot de celles qui attaquent les troupeaux en même tems, ou qui ſe communiquent des uns aux autres : il en eſt de même des autres Ecrivains & il eſt étonnant qu'on ſoit obligé de deſcendre juſqu'à Ramazzini, (6) pour avoir quelque éclairciſſement ſur ce ſujet.

Cet Auteur, dans l'expoſition qu'il fait de la conſtitution épidémique de Modene de l'année 1690., qu'il regarde comme froide & humide, dit que les maladies qui regnerent cette année, & qui attaquerent indiſtinctement tous les gens de la campagne, s'étendirent juſque ſur les animaux de toute eſpece, & qu'il en périt un grand nombre après quelques jours de maladie. La nature faiſoit des efforts pour ſe dégager de ce qui l'incommodoit par une criſe, car il leur ſurvenoit aux cuiſſes, au cou & à la tête, des boutons de petite vérole qui faiſoient perdre les yeux à la plûpart des animaux qui en furent attaqués. Ceux qui n'étoient pas d'abord emportés par la maladie & qui réſiſtoient à ſa violence, maigriſſoient ſenſiblement & tomboient dans le maraſme : On peut aſſurer, ajoûte Ramazzini, que les tubercules qui parurent alors étoient certainement des boutons de petite verole, puiſqu'ils n'en différoient ni par la forme, ni par la couleur, ni par la matiere qu'ils contenoient, ni par la groſſeur, ni par la maniere dont ils ſe terminoient ; après avoir ſuppuré & s'être deſſéchés, ils laiſſoient une croute noire ſemblable à celle qui reſte après la petite vérole.

L'epidémie continua en 1691, & attaqua ſpécialement les brebis, de ſorte que très-peu échapperent à ce fléau. *Ita ut ovilus Grex penè deletus fuerit*, (Ramazzini p. 42.) On a conſtamment obſervé, que de tous les animaux, les brebis ſont ceux qui ſont le plus ſujets à la petite vérole, qu'on nomme chez elles *clavin*, ou *claveau* & dont noüs parlerons dans la ſuite: on devoit donc s'attendre qu'elles en ſeroient ſpécialement affectées, puiſqu'elles y ont plus de diſpoſition que le reſte du bétail.

En 1693, la Heſſe ſe vit enlever ſes troupeaux par une phthiſie pulmonaire. (*Conſt. epid. Haſſiac. ann. 1691*). L'hiver de cette année fut d'abord pluvieux, finit par être très-froid ; une chaleur extraordinaire qui ſe fit ſentir au printems &

qui continua d'être la même pendant l'été, prit tout à coup la place de ce froid rigoureux ; ces changemens subits causent toujours un mouvement extraordinaire dans les humeurs, & souvent des engorgemens dans les vaisseaux capillaires; car il est rare que la chaleur succede rapidement au froid sans qu'il en résulte quelqu'epidémie ; cependant on attribue celle qui régna dans la Hesse, à la rouille, à cette rosée corrosive qui en 1693 infecta les pâturages dans la Hesse, comme elle les avoit infectés en Italie en 1690 ; mais cette derniere cause n'exclud pas la premiere, & il paroît que l'Observateur admet aussi celle-ci, puisqu'il dit que l'eau froide, dont se gorgeoient les animaux étant très-échauffés, contribuoit beaucoup à cette phthisie pulmonaire : en effet, qu'un homme soit baigné de sueur & qu'il boive de l'eau à la glace, il est à craindre qu'il ne soit atteint de quelque pleurésie ou péripneumonie. Il en est de même des animaux. Le printems de l'année dont nous parlons fut très-chaud ; Les bœufs & les vaches autant affectés de la chaleur de la saison, que du feu dévorant qu'allumoit dans leurs entrailles la mauvaise qualité des herbes qu'ils avoient mangées, couroient à l'eau la plus froide ; une des propriétés essentielles au froid est de condenſer, de reſſerrer ; Les fibres des vaiſſeaux capillaires, rapprochées les unes des autres par ſon action, embraſſoient plus étroitement, arrêtoient, fixoient le ſang, qui étant peu auparavant très-raréfié, s'étoit introduit dans ces petits canaux, & de-là l'inflammation: lorſqu'elle eſt conſidérable, les petits vaiſſeaux qui ſont engorgés éclatent, ſe briſent ; leurs tuniques & ce qu'elles contiennent ſe convertiſſent en pus par le battement des arteres qui les avoiſinent, c'eſt ce qui arriva dans l'épidémie de la Heſſe ; l'inflammation probablement négligée ſe termina par la ſuppuration, & les beſtiaux ſuccomberent ſous une phthiſie pulmonaire.

Ils furent attaqués en 1712, dans la Baſſe Hongrie, d'une maladie des plus dangereuſes (*Conſt. epid. inter Hungar. ann. 1712.*). L'hiver de cette année fut très-froid, & le printems pluvieux, avec de grandes variations dans la température de l'atmoſphere, car les mêmes jours il faiſoit froid le matin, très-chaud à midi, le froid recommençoit à trois heures, & la chaleur ſe faiſoit ſentir vers le ſoir ; ces viciſſitudes cauſerent parmi les hommes beaucoup de fiévres, qui furent auſſi irrégulieres que la ſaiſon. On vit dans les mois de Juin & de Juillet, durant leſquels la chaleur ſe ſoutint conſtamment, une quantité prodigieuse d'insectes, de reptiles, & spécialement de serpens qui firent périr à la campagne un grand nombre de personnes. La morsûre de ces serpens causoit une enflûre qui s'étendoit très-promptement, se communiquoit à tout le corps & particuliérement à la langue, de sorte qu'on ne pouvoit pas prononcer un seul mot ; les bestiaux étoient du moins autant exposés à la morsure de ces serpens que les gens de la campagne ; aussi la mortalité dans les troupeaux fut-elle considérable.

Elle augmenta dans le mois d'Août qui fut très pluvieux, mais par une autre genre de maladie qui se manifestoit par des pustules blanches, remplies d'une matiere d'une puanteur insupportable. Il découloit de la bouche des animaux malades une humeur d'une odeur cadavéreuse ; ils respiroient avec la plus grande difficulté : les bœufs & les vaches attaqués de ce mal ne cessoient de mugir, & leurs mugissemens redoubloient lorsqu'ils étoient prêts de mourir. Alors on entendoit dans leurs entrailles un bruit comme si les tuniques trop distendues eûssent éclaté ; il y a grande apparence que cette maladie n'étoit autre chose qu'une petite vérole compliquée ; tout l'annonce quoique l'Observateur n'en parle pas, les pustules la caractérisent. L'humeur, qui découloit de la bouche, ressembloit beaucoup au ptyalisme qui survient aux hommes dans la petite vérole ; enfin, la complication est désignée par la grande difficulté de respirer, par la puanteur de l'haleine, par l'odeur infecte des boutons ou pustules, symptômes que l'on remarque toujours dans le Clavin, lorsqu'il est accompagné de putréfaction.

On trouva dans l'estomac des animaux qui furent ouverts des boules de la grosseur d'une noix, remplies de poils & recouvertes d'une tunique membraneuse si dure, qu'on avoit peine à la couper avec un couteau. Cette tunique membraneuse est extraordinaire, car les égagropiles ne sont pas des corps organisés.

Le mortalité s'étendit jusque sur les bêtes sauvages qu'on trouvoit mortes dans les forêts. Les chiens qui mangerent de leur chair, ou de celle des animaux emportés par la contagion, devinrent enragés ; les hommes qui en furent mordus tomberent dans la phrénésie & dans l'hydrophobie : ils imitoient l'aboyement des chiens.

Si les vicissitudes de l'air ont eu beaucoup de part à la constitution épidémique dont nous venons de parler, la multitude des reptiles a contribué à la rendre plus dangereuſe pour les beſtiaux ; en effet, une grande quantité d'inſectes adhérens aux herbes dont ils ſe nourriſſoient, devoit cauſer autant de déſordre que la rouille ; les ſubſtances animales ſont ſeptiques de leur nature, & elles deviennent encore plus ſeptiques pour le bétail qui ne ſe nourrit que de végétaux.

L'épidémie de 1711 (*Conſt. Epidem. Auguſt. ann. 1711, 1712.*) qui fit tant de ravages en Italie (7) & en Allemagne, devoit ſa naiſſance à celle dont nous venons de parler (il y a ici une faute de chronologie, ou une erreur de fait) une maladie qui regnoit en 1711, ne ſçauroit venir d'une autre qui ne paroît qu'en 1712. Elle étoit originaire de Hongrie d'où elle fut apportée par des bœufs en Allemagne car elle ne provenoit ni de la conſtitution de l'air, ni de la mauvaiſe qualité des alimens, puiſqu'elle ne s'étendit pas ſur le bétail qui n'avoit point eu de communication avec ces bœufs venus de Hongrie & qui infecterent l'herbe par leur ſalive, enſorte que ceux du pays qui fréquenterent les mêmes pâturages, contracterent la maladie dont étoient atteints ces étrangers.

Le virus, qui ſe communiquoit par la ſalive, étoit d'une ſi grande acrimonie, qu'il agiſſoit comme un cauſtique ſur le gosier, l'estomac & les intestins, attaquoit le genre nerveux, causoit des mouvemens spasmodiques, fronçoit les fibres, & resserrant extrêmement les tuniques vasculaires, produisoit des étranglemens dans les petits vaisseaux sanguins, & par conséquent des stagnations dans les humeurs qui devenoient putrides, & une inflammation gangréneuse dans presque tous les visceres. La chaleur étoit brûlante, l'appétit totalement détruit, la respiration laborieuse, la langue dans quelques bœufs enflammée & chargée de vésicules rouges, les ventricules, l'épiploon, surtout les intestins, étoient pareillement enflammés ; ceux qui avoisinoient le foie, avoient pris la couleur de la bile ; les excremens étoient purulens, teints de sang & d'une puanteur insupportable, de sorte que, dit l'Observateur, la maladie prenoit la forme d'une dyssenterie maligne : mais on seroit bien fondé à avancer que la dyssenterie n'étoit ici que symptomatique & non pas idiopathique.

La mortalité du bétail ne donna pas beaucoup de relâche, car elle recommença l'année suivante ; la cause cependant n'en fut pas la même, & l'epidémie qui enleva le bétail en 1712, parut avec des symptômes différens : elle attaqua d'abord les chevaux, spécialement ceux qui étoient aux environs d'Ausbourg, & épargna presque tous ceux qui étoient dans la ville. Elle se communiqua ensuite aux bœufs & à plusieurs animaux de différentes especes ; il leur survenoit au poitrail, aux aînes & dans plusieurs autres endroits des tumeurs dures, qui s'étendoient beaucoup, & qui en très-peu de tems emportoient les bestiaux qui en étoient affectés. Cette épidémie paroît être la suite de celle qui avoit régné l'année précédente, en ce qu'on attribue les tumeurs & les accidens qui les accompagnent, à la piquûre des frêlons, d'une grosseur peu commune, dont il y eût en 1712 une quantité incroyable. Ils s'étoient, dit-on, nourris des cadavres des bœufs qui étoient morts l'année précédente, & qui n'avoient pas été enterrés assez profondément. En effet, la piquûre de ces frêlons nés dans l'infection, nourris dans l'infection, ne pouvoit être que dangereuse. L'histoire suivante prouve jusqu'à quel point les humeurs en étoient altérées.

Un homme ayant voulu couper avec une hache le pied d'un cheval, mort de la piquûre d'un frêlon, & qui n'avoit pas été enterré assez profondément, puisque le pied sortoit hors de la terre, fut éclaboussé par une humeur, dont quelques gouttes jaillirent jusque sur l'œil, y firent naître une inflammation & une tumeur qui s'étendit ensuite sur l'autre œil, puis sur toute la tête, & enfin lui causerent la mort.

Il périt en 1730 (*Histor. Febr. Catarrh. ann. 1730.*) une grande quantité de bestiaux en Bohême, dans la Lithuanie, dans la Saxe, la Marche de Brandebourg, le Duché de Magdebourg, Et par quelle maladie furent-ils enlevés ? On n'a pas daigné nous en instruire. Seroit-elle semblable à celle, qui en 1731, les fit périr dans quelques Provinces de France, & qui ne se manifestoit que par une vessie qui survenoit à la Langue? Cette vessie commence par être blanche, devient rouge, ensuite finit par être noire & dégénere en ulcere chancreux, qui ronge & consume la langue en très-peu de tems : elle a beaucoup de rapport avec l'anthrax. Cette maladie est d'autant plus dangereuse, qu'elle ne s'annonce par aucun symptôme, & que l'animal qui en est attaqué, boit & mange comme à son ordinaire, jusqu'à ce que le chancre ait fait des progrès considérables; & souvent l'on ne s'apperçoit du mal que lorsqu'on n'est plus à tems d'y remédier.

On a vu en 1740, & dans les années suivantes jusqu'en 1750, presque toutes les bêtes à cornes mourir non-seulement en France, mais encore dans toute l'Europe, d'une fiévre putride, maligne, inflammatoire, semblable à celle qui, en 1711, regna en Allèmagne, en Italie, que nous avons dit y avoir été apportée de Hongrie, & qui fut qualifiée de dyssenterie maligne. C'est de toutes les maladies qui ont attaqué le bétail en différens tems, la plus dangereuse, la plus compliquée & la plus difficile à guérir; elle s'annonçoit par une tristesse, une langueur & un abattement général. On sentoit que les battemens du cœur étoient une fois plus fréquens que dans l'état naturel, ce qui dénote une fiévre très-vive : l'animal malade, ayant la tête penchée, avoit peine à se soutenir sur ses pieds; il chanceloit; il battoit des flancs : ses yeux étoient rouges & larmoyans; ses cornes & ses oreilles froides : il découloit de la bouche & des naseaux une bave épaisse & gluante : on remarquoit un mouvement convulsif depuis la tête jusqu'à l'extrêmité du dos. Comme les autres symptômes, que nous avons eu lieu de remarquer, étoient les mêmes que ceux que nous avons rapportés en parlant de l'épidémie d'Ausboug; nous ne répeterons pas ce que nous en avons déjà dit.

Nous perdîmes en 1756 un grand nombre de bœufs à Minorque; ces animaux peu faits à la chaleur du climat, puisqu'ils venoient d'Auvergne, exposés pendant tout le jour aux rayons d'un Soleil ardent, (car si l'on excepte le milieu de l'Isle, les abris partout ailleurs sont très-rares), devoient en être d'autant plus incommodés, que naturellement ils aiment les pays froids, & que c'est dans ceux-ci qu'ils réussissent le mieux. En effet, ceux du Dannemark, de la Podolie & de l'Ukraine, sont les plus gros, ensuite ceux d'Irlande & d'Angleterre, tandis que ceux d'Espagne & de Barbarie, sont les plus petits. Ils ne trouvoient rien à Minorque qui pût tempérer dans leurs entrailles une chaleur qu'ils ne ressentoient pas ailleurs : ils n'avoient pas de ressource dans l'herbe fraîche, puisque dès le mois de Mai tout est sec dans cette Isle. L'eau étoit peu propre à les rafraîchir, puisqu'elle étoit partout tiéde & saumâtre dans plusieurs endroits, au lieu qu'ils aiment l'eau fraîche & pure; ils languissoient, maigrissoient à vûe d'œil : le soufle qui sortoit de leurs poulmons étoit brûlant, ils finissoient par pisser le sang (8).

Nous fûmes effrayés en 1762, par les Gazettes & les Journaux qui nous annoncerent une maladie épidémique qui faisoit de grands ravages en Dannemark (9), & qui avoit gagné les frontieres d'Allemagne, elle attaquoit les bœufs, les vaches & même les chevaux; elle se manifestoit par une vessie sur la langue & étoit la même que celle qui parut en 1731, & dont nous avons déjà parlé; elle parvint jusqu'en France vers la fin de 1762, mais comme on connoissoit le caractère de cette maladie & les remedes qui lui étoient propres, elle y fit peu de ravage.

Il y eût cette même année 1762, aux environs de Beauvais (10), une mortalité de moutons causée par une maladie qu'on appelle *clavin* ou *claveau*, & qui n'est autre chose que la petite vérole; elle avoit déjà régné dans ce même Pays en 1761, en 1754 & 1746 : c'est de toutes les maladies contagieuses celle qui se communique le plus facilement aux bêtes à laine, & à laquelle elles sont le plus sujettes. On la distingue ordinairement en discrete & bénigne, maligne & confluente; elle se manifeste par des boutons enflammés qui s'élevent sur les parties dénuées de laine, telles que le ventre, l'intérieur des cuisses & des épaules, le nez & le dessous de la queue. L'éruption plus ou moins prompte dépend de la température de l'air & du tempérament plus ou moins fort de l'animal. Ordinairement elle est complette le quatriéme ou cinquieme jour; les boutons sont de plusieurs

ſieurs formes & de pluſieurs couleurs ; tantôt ronds, tantôt oblongs ; ils commencent par être rouges, durs, enſuite ils blanchiſſent, deviennent mous, ſuppurent, ſe deſſechent & forment une croute noire qui tombe par écailles. Tel eſt le cours de la petite vérole bénigne ; mais quelquefois les boutons ſont ſi proches les uns des autres qu'ils ſe touchent ; ils ſont violets, & au lieu de s'élever & de blanchir, ils s'applatiſſent & deviennent noirs, ce qui annonce une petite vérole d'un mauvais caractère, toujours accompagnée des ſymptômes de la fievre, l'ardeur, la ſoif & l'abattement ; à cela, joint une grande difficulté de reſpirer avec battement de flanc. L'haleine, de même que la matiere contenue dans les boutons, ſont d'une puanteur inſupportable ; une morve épaiſſe, tenace, coule avec abondance des narines. L'intérieur de la bouche eſt garni de puſtules, de petits ulceres, qui empêcheroient les moutons de manger quand même ils ne ſeroient pas dégoûtés ; les paupieres ſe gonflent tellement que les yeux ſont fermés. On a remarqué que la maladie étoit ou plus dangereuſe ou plus longue, quand la tête étoit attaquée. Cependant on a lieu d'eſpérer une bonne iſſue, lorſque l'animal mange avec appétit, quoique la tête ſoit bien garnie de boutons, pourvû néanmoins que la morve ne découle pas avec abondance des narines. Quelquefois le clavin est terminé dans l'espace de douze ou quinze jours; quelquefois cette maladie n'est totalement dissipée qu'au bout de six semaines & même deux mois; alors la laine tombe dans tous les endroits où il y a eu éruption. On a remarqué que les dépôts ou abscès étoient toujours très-avantageux : ces dépôts se forment souvent sur les yeux, où il s'établit une suppuration abondante qui fait perdre la vûe, mais sauve la vie à l'animal; voilà quel est le cours de la petite vérole, voilà quels sont ses symptômes, bénigne & maligne. Dans le même troupeau elle attaque différemment les moutons qui le composent; les uns n'ont qu'une vérole volante, elle s'annonce dans d'autres avec plusieurs grains sur toutes les parties du corps; d'autres enfin sont tout couverts de boutons : ceux-là sont guéris dans dix, douze, quinze jours; à peine ceux-ci le sont-ils dans six semaines, & même deux mois; tel est le claveau qui a régné aux environs de Beauvais, tel est ordinairement celui qui regne dans les autres pays.

Si nous avons décrit succintement plusieurs maladies contagieuses des bestiaux, & qui ont paru trop anciennement pour que nous ayons pû les obſerver, c'eſt qu'il a fallu s'en rapporter aux Auteurs qui en ont écrit, & que nous avons cru ne devoir rien ajoûter à ce qu'ils en ont dit; ils ne ſe ſont pas plus étendus ſur les cauſes & les effets que nous allons examiner.

(11) La conſtitution de l'air, & la qualité des alimens ſont la cauſe de toutes les épidémies qui regnent parmi les animaux. Ils reſpirent l'air comme nous, par conſéquent ils doivent être affectés de ſon intempérie, de ſes variations, de ſa gravité, de ſa légereté, de ſon plus ou moins de reſſort; les vapeurs, les exhalaiſons, & tout ce dont il eſt chargé, doivent faire autant, & même plus d'impreſſion ſur eux que ſur nous, puiſque n'étant pas couverts, ils ſont expoſés au contact immédiat de l'air, & que tous les corpuſcules qui voltigent dans l'atmoſphere peuvent s'attacher à leurs poils, s'inſinuer dans leur corps & cauſer beaucoup de déſordres. Si ce que je viens d'avancer n'étoit pas connu de tout le monde, je pourrois l'étayer de pluſieurs autorités. Hippocrate (*Sect. 4. de Flatibus.*) regarde l'air comme la ſource de toutes les maladies. Virgile (*Georg. Lib. 3.*) promet de nous apprendre les cauſes & les ſymptômes des maladies du bétail.

» Morborum quoque te causas & signa docebo.

Cependant il ne fait mention que de l'air, comme s'il en étoit l'unique cause.

» Hîc quondam morbo cœli miseranda coorta est
» Tempestas, totoque autumni incanduit æstu,
» Et genus omne neci pecudum dedit, omne ferarum
» Corrupitque lacus, infecit pabula tabo. (*idem. ibid.*)

Tite-Live (*Lib.* 5, *Decad.* 1.) paroît lui attribuer aussi une maladie pestilentielle qui enleva les hommes & les animaux ; *Tristem hyemem sive ex intemperie cœli raptim mutatione in contrarium factâ*, *sive aliâ de causâ gravis pestilensque omnibus animalibus æstus excipit.* On n'a pas besoin d'autorité pour prouver que l'air influe sur les bestiaux de même que sur les hommes, & qu'il est une des causes de ces maladies épidémiques qui de tems en tems en enlevent un grand nombre : mais il n'en est pas l'unique cause ; car si on parcourt les annales du monde, on verra qu'elles ne dépendent pas toujours de la constitution de l'air & de ses variations.

La plûpart des maladies pestilentielles, qui en différens tems ont détruit une partie des hommes, ont épargné les animaux. Thucydide dans sa description de la peste d'Athenes, (*de bell. Pelopon. Lib.* 2.) ne dit pas que ce fléau se fût étendu sur les bestiaux ; il rapporte seulement que les animaux, qui se nourrissent de chair, ne toucherent point aux cadavres des personnes mortes de la peste, & que ceux qui furent assez voraces pour y toucher, en moururent ; ce qui est une preuve tacite que les autres animaux n'en moururent pas. La peste ravagea pendant quinze ans l'Empire Romain sous les Empereurs Gallus & Volusien (*Zonar. Tom.* 2.) : elle enleva à Rome en 263, jusqu'à cinq mille personnes en un jour. (*Baronius*, *Annal. Tom.* 2.) Il mourut de la peste à Constantinople, sous l'Empereur Justinien, depuis cinq mille jusqu'à dix mille hommes aussi dans un seul jour. (*Procop. de Bello Pers. Lib.* 2.) Gui de Chauliac parle d'une peste qui parut de son tems en 1348, & qui fut si cruelle qu'elle ne laissa pas la quatrieme partie des hommes sur la terre. Elle fit, selon Rondelet, en 1450, beaucoup de ravage en France, en Allemagne, en Italie, & en Espagne. Valeriola dit qu'en 1553, les hommes mouroient de la peste dans la Gaule Narbonnoise en parlant & en se promenant, comme s'ils eussent été frappés de la foudre. Jerôme Mercurial raconte la même chose de celle qui parut dans le même tems à Padoue & à Venise. Zacutus parle d'une peste très-cruelle qui regna à Lisbonne en 1601. Enfin elle parut dans la Moscovie en 1655, en Angleterre en 1665 & 1666, en Pologne en 1708 & 1709, à Marseille en 1720; cependant ce terrible fléau qui a détruit en différens tems une grande partie du genre humain, a épargné les animaux, ou du moins les Auteurs qui ont parlé des ravages qu'il avoit faits parmi les hommes, n'ont pas dit qu'il en eût fait parmi les bestiaux. Auroient-ils tous oublié une chose de si grande conséquence? Leur silence, à ce sujet, prouve ce que j'ai avancé, que leurs maladies épidémiques ne proviennent pas toujours de la constitution de l'air: car on ne sçauroit nier que dans les années dont nous avons parlé, elle ne fût très-propre à les faire paroître.

On m'objectera que l'air affecte différemment les différens corps, que les maladies ne se communiquent pas des hommes aux animaux, ni d'un cheval à un bœuf, mais seulement aux animaux de la même espece, d'un bœuf à un autre bœuf; que ce qui est funeste à une espece ne l'est pas à une autre, & qu'il y a des pestes pour les hommes, d'autres pour les brebis, d'autres pour les chevaux, d'autres pour les bœufs, c'est le sentiment d'Hippocrate (*Sect. 3. de Flatib.*). L'autorité de ce grand homme est certainement d'un grand poids; néanmoins il faudroit bien se garder de mettre dans les mêmes écuries (12) des bœufs sains avec des chevaux attaqués de quelqu'épidémie, ou de faire d'autres associations. On a observé que des hommes, qui n'avoient aucun vestige de charbon ni aucune égratignure à la main, avoient été attaqués d'un véritable anthrax en ouvrant des bœufs morts d'une maladie contagieuse; j'ai vu presque tous les Bouviers, préposés à la garde des bestiaux parmi lesquels régnoit la mortalité, tomber dans des fiévres malignes accompagnées de gangrene.

Si les maladies peuvent se communiquer des bestiaux aux hommes, elles se communiquent, sans doute, des hommes aux bestiaux: pourquoi donc (13) n'ont-ils pas été malades, lorsque la constitution de l'air nous affectoit & paroissoit très-propre à les affecter? & pourquoi nous sont-ils enlevés lorsque les saisons se comportent bien? C'est que toutes les maladies épidémiques ne dépendent pas de la constitution de l'air, & que plusieurs viennent de la qualité des alimens. Que le bled soit ergoté, ou gâté par la nielle, il ne manque jamais de causer des maladies populaires; l'herbe de même infectée par une rosée mielleuse, qui fait surelle le même effet que ſur le bled, devient auſſi pernicieuſe aux beſtiaux, que le bled ergoté le devient aux hommes. De tout tems on a redouté, & avec raiſon, cette roſée qu'on appelle ordinairement la rouille, il en eſt parlé dans l'Ecriture Sainte comme d'une ſuite de la colere de Dieu : *Percuſſi vos in vento urente & in ærugine.* Pline la regarde comme plus dangereuſe que la grêle; c'eſt pourquoi, dit-il, Numa Pompilius avoit établi des fêtes, *Rubigalia Feſta*, pour en détourner les effets; on les célébroit au mois d'Avril, parce que c'eſt dans ce mois que paroît cette rouille; juſqu'à préſent on n'a pas encore déterminé ſa nature (14) : on ſçait ſeulement qu'elle eſt cauſée par des brouillards qui briſent le tiſſu des feuilles & des tuyaux, & qui par-là occaſionnent l'extravaſation d'un ſuc gras, qui en ſe deſſéchant ſe convertit en une pouſſiere rouge qui s'attache aux plantes & leur fait beaucoup de tort, car peu de tems après elles paroiſſent comme gangrénées. Quand elles ſeroient ſaines de leur nature, elles deviennent par-là très-préjudiciables aux animaux. Le trefle, le ſainfoin, la luzerne, le ray-graſs ſont aſſûrément des plantes réputées ſalutaires : qu'elles ſoient attaquées de la rouille, elles deviennent plus pernicieuſes que le ranunculus, le tithymale & l'ellébore; que celles-ci en ſoient affectées, déjà dangereuſes par elles-mêmes, elles le deviennent encore davantage par le vice qu'elles ont contracté; chargées de cette rouille, elles vont être funeſtes aux animaux. Le linge exposé à cette roſée eſt taché de jaune & rongé : ces taches ſe voient auſſi ſur les fruits & les feuilles des plantes & des arbres; ce ſont autant d'endroits où cette roſée a ſéjourné, & qui ſont gangrénés. Il ſemble, dit Ramazzini dans ſes Obſervations ſur l'Epidémie de Modene, qu'elle ſoit auſſi corroſive que l'eſprit de nitre; les pâturages corrompus par la rouille étoient ſi pernicieux aux animaux, que les troupeaux entiers étoient enlevés. Cette roſée mielleuſe n'a jamais paru qu'elle n'ait été ſuivie d'une mortalité parmi les beſtiaux. En 1693, les herbes en furent infectées dans la Heſſe, auſſi les bœufs & les vaches y mourroient-ils par troupeaux, dit Bernard Valentin. On obſerva dans la Carniole, en 1712, que la rouille avoit corrompu les plantes, & auſſitôt on vit périr les animaux en grand nombre. On remarqua la même choſe à Ferrare en 1715, le ſigne précurſeur, ou plutôt la cauſe de la mortalité du bétail parut, & cette cauſe fut ſuivie de ſon effet.

De quelque maniere que les prairies & les pâturages aient été gâtés, ſoit par la rouille, ſoit par d'autres accidens, il en réſulte toujours une épidémie, qui enleve les beſtiaux. Les alimens corrompus produiſent une corruption dans les humeurs, cauſe prochaine des maladies qui enlevent les hommes & le bétail. D'où provenoit la peſte qui fit tant de ravages à Jéruſalem, à Marſeille & à Bréda pendant que ces villes étoient aſſiégées? De ce que les habitans, qui n'avoient pas une proviſion ſuffiſante de vivres, furent contraints de recourir à des alimens corrompus. Souvent la peſte ſuccede à la famine, parce que dans la diſette, on eſt forcé de ſe nourrir de ce qu'on dédaigneroit dans l'abondance.

Durant la peſte d'Athenes les chiens qui toucherent aux cadavres périrent; ils devinrent enragés en Moſcovie en 1655 & dans la Baſſe-Hongrie en 1712, pour avoir mangé de la chair des beſtiaux morts d'une maladie épidémique. Il y eut à Minorque dans les mois de Juillet & d'Août 1756, une mortalité parmi les bœufs qui ayant été tranſportés dans cette Iſle, ne purent réſiſter à la chaleur de ſon climat; preſque tous les Bouviers qui avoient ſoin de ces animaux tomberent malades; mais la maladie fut beaucoup plus grave parmi ceux qui eurent l'imprudence de manger de leur chair : car ils furent tous attaqués d'une fiévre maligne, accompagnée d'une gangrene qui se manifestoit dès le second jour de la maladie, surtout au coude & au talon. On a aussi remarqué à l'Hôtel-Dieu d'Orléans, que les Paysans de Sologne qui vivoient de grains ergotés, étoient attaqués d'une gangrene seche, noire qui commençoit par les doigts du pied, montoit insensiblement, & faisoit tomber les extrémités du corps, de sorte qu'on a vu de ces gens à qui il ne restoit que le tronc. (*Hist. de l'Acad. Royale. ann. 1710*).

La rouille est aux herbes ce que la gangrene est à la chair : si la chair corrompue & non pas gangrénée (car on n'en mange point quand elle est dans cet état), cause des fiévres malignes parmi les hommes, pourquoi des herbes gangrénées, & même sphacélées, n'en causeroient-elles pas parmi les bestiaux ? Non-seulement elles en causent quand elles sont gâtées par la rouille, mais même sans cette rouille, & sans aucune corruption, lorsqu'elles sont d'une qualité contraire aux bestiaux. On les a vus mourir en grand nombre dans des endroits marécageux, où il croissoit de mauvaises herbes, tandis que les troupeaux voisins se portoient bien, quoique dans un lieu limitrophe. Nos prairies, nos pâturages sont mêlés de bonnes & mauvaises plantes, elles sont confondues les unes avec les autres, & on laisse aux animaux le soin de choisir celles qui leur sont avantageuses, & de les distinguer de celles qui leur sont nuisibles; il est vrai qu'ils ont reçu du Créateur un instinct qui les porte à ce qui leur est avantageux, & qui les éloigne de ce qui peut leur nuire; mais l'homme n'a-t'il pas souvent éprouvé que certains mets étoient contraires à sa santé, & combien de fois avec toute sa raison, n'en a-t'il pas mangé, lorsqu'ils étoient de son goût, quoiqu'il fût persuadé d'avance qu'il en seroit incommodé? Devons-nous plus exiger de l'instinct des animaux que de notre raison? Les plantes saines sont si voisines de celles qui sont nuisibles, qu'il leur est difficile de brouter les premieres, sans brouter en même tems quelques-unes de ces dernieres. Pourquoi souffrons-nous ce mêlange? Si nos soins ne s'étendent pas jusqu'à détruire les herbes inutiles, du moins devroient-ils s'étendre jusqu'à extirper celles qui sont nuisibles. Nous voyons croître sous nos yeux le *ranunculus*; toutes ses especes contiennent beaucoup de sel âcre & corrosif, sur-tout le *ranunculus palustris apii folio*, autrement dit, *herba ſcelerata*, nom qui déſigne aſſez combien il eſt pernicieux. Cette plante croît le long des rivieres ; à la vérité elle eſt plus rare que le *ranunculus pratenſis erectus acris*, & le *ranunculus pratenſis repens hirſutus*, qui ſont très-communs dans nos prairies, & qui quoique moins dangereux que le premier, ne laiſſent pas que d'être funeſtes aux animaux qui les mangent; le *ptarmica vulgaris, dracunculus pratenſis* qu'on appelle auſſi l'herbe à éternuer, n'eſt ni moins commun ni moins âcre que le *ranunculus* ; on y trouve encore le tithymale, plante corroſive, la petite ciguë, la mille-feuille, qui devroient en être bannies. Celui qui veut conſerver ſon bétail ne doit pas ſouffrir que ces plantes végetent dans ſes prés ; & on ne doit pas être ſurpris de le voir périr dans les endroits où ces herbes abondent.

L'eau, qui doit être rangée parmi les alimens, contribue auſſi par ſa mauvaiſe qualité, jointe à celle des herbes, à produire des maladies épidémiques ; elle peut même ſeule & ſans le ſecours d'aucun autre agent, les cauſer, lorſqu'elle eſt bien corrompue.

On lit dans les Tranſactions philoſophiques, que pendant la peſte qui regna à Londres, on ramaſſa ſur l'eau qui avoit été quelque tems exposée à l'air dans un vase une pellicule bleue, qui ayant été mêlée avec du pain, & donnée à un chien, le fit périr en vingt-quatre heures. L'eau sans être infectée de ces miasmes répandus dans l'atmosphere, & qui se déposent sur la surface des eaux dans les maladies pestilentielles, peut se charger de corps étrangers & pernicieux aux animaux, en passant à travers des mines, telles que celles de plomb, d'étain, de cobalt, de cuivre; elle charrie quelquefois des matieres gypseuses, des selenites propres à former des obstructions & à causer plusieurs maladies. Les eaux de l'Isle de Minorque sont de cette nature; ayant trop peu de cours pour déposer toutes les parties terrestres dont elles sont chargées, elles forment toujours des concrétions pierreuses adhérentes aux parois des vases qui les contiennent; ces eaux croupissantes, lourdes, visqueuses, chargées de frai de grenouilles, infectées par une quantité de vermisseaux, de sang-sues, d'insectes de toute espece, auxquelles on ne fait pas de difficulté de conduire les bestiaux (15), sont pour eux la source de plusieurs maladies. Si la corruption des humeurs est la cause prochaine des épidémies, comme le dit Riviere, est-il rien de plus propre à introduire cette corruption dans les veines, que des eaux ſtagnantes, que des herbes âcres, corroſives, infectées par la rouille, qu'un air chargé d'une infinité de corpuſcules venimeux? Examinons les effets que ces cauſes doivent produire ſur l'Œconomie animale.

La boiſſon eſt abſolument néceſſaire pour jetter de la détrempe dans le ſang, le rendre plus fluide, pour diſſoudre les alimens, les réduire avec le ſecours de la ſalive, & des ſucs gaſtriques en un liquide laiteux, pour diviſer & étendre ces ſubſtances farineuſes dont ſouvent ſe nourriſſent les beſtiaux, & qui n'ayant point fermenté, forment toujours une colle tenace, qui a grand beſoin d'un véhicule aqueux. Peut-on attendre ces bons offices des eaux ſtagnantes, de ces eaux des marais, troubles, épaiſſes, chargées d'une multitude de corps étrangers, qui fourmillent de vers, où les inſectes ont déposé des millions d'œufs, dans leſquelles pourriſſent une infinité de plantes, & où ſouvent on a fait rouir du chanvre & du lin? Loin de ſervir de menſtrue & d'aider à la digeſtion, elles ont beſoin elles-mêmes d'être digérées. Paſſent-elles dans le ſang? elles vont produire des embarras dans la circulation, une infinité d'obſtruction; les vaiſſeaux capillaires ſont bouchés, engorgés par un fluide visqueux; la circulation n'ayant plus lieu dans ces petits canaux, le sang qui a un moindre trajet à faire, revient plus promptement au cœur, qui le repousse à mesure qu'il aborde. Ses battemens sont plus fréquens, le fluide artériel est mû avec une impétuosité qui augmente en raison composée de la force du cœur & de la fréquence de ses contractions. Il heurte avec plus de force contre la matiere qui engorge les vaisseaux capillaires. Cette matiere est de plus en plus engagée dans des canaux qui décroissent en diamétre, elle s'y corrompt par son séjour & par la chaleur du lieu où elle est emprisonnée, & de-là les fiévres putrides, malignes : de-là les inflammations suivies de suppuration ou de gangrene (16).

Non-seulement l'eau croupissante est pernicieuse par sa viscosité, mais encore parce qu'elle fourmille de vermisseaux de toute espece, qui prendront de l'accroissement dans les entrailles des bestiaux & parce qu'elle est chargée d'une quantité prodigieuse d'œufs d'insectes que la chaleur de ces entrailles fera éclorre. Parmi ces vermisseaux & ces insectes, les uns croissent, picotent, irritent les intestins, causent des mouvemens spasmodiques, convulsifs; d'autres meurent, se pourrissent,

ſent & cette pourriture de ſubſtances animales paſſe dans le ſang des beſtiaux qui ne ſe nourriſſent que de végétaux : il en doit réſulter beaucoup de déſordre ; Hippocrate (*Sect.* 3. *de aëre , locis & aquis*) dit que des eaux marécageuſes, dont on avoit fait uſage pendant un hyver, avoient cauſé des fiévres ardentes aux perſonnes avancées en âge, & aux jeunes gens des maladies qui les rendoient maniaques, ou qui attaquoient la poitrine.

Dans les vaiſſeaux qui tiennent longtems la mer, l'équipage eſt attaqué des plus griéves maladies, provenant de la mauvaiſe qualité des alimens & de l'eau croupiſſante qui devient jaune, fétide, & pleine d'inſectes, quoiqu'on ait ſoin de faire ſa proviſion & de la puiſer dans les fontaines & les rivieres.

L'eau, chargée de tout ce qu'elle peut diſſoudre, ne ſe charge plus de rien : telle eſt ſouvent celle des marais ; elle devient donc tout au moins inutile pour la diſſolution des alimens, ſi elle ne fatigue pas l'eſtomac ; mais la partie aqueuſe du ſang, qui ſe diſſipe à tout moment, ſoit par la tranſpiration, ſoit par les urines, a beſoin d'être réparée, ſans quoi il reſte à ſec, & ne ſçauroit plus circuler dans les petits vaiſſeaux où il s'arrête ; l'eau marécageuſe étant gluante par elle-même, eſt par conséquent peu propre à lui donner la fluidité dont il a besoin, & à le rendre moins inflammatoire.

Les plantes âcres & corrosives, telles que le *ranunculus*, le tithymale, ou celles qui sont infectées de la rouille, ne sont pas moins pernicieuses au bétail. Elles agacent, irritent les membranes de l'estomac, les tuniques des intestins, & le moindre mal qu'elles puissent faire, c'est d'accélérer le mouvement péristaltique des intestins, de produire des cours de ventre & des dyssenteries. Mais quelquefois elles ont tant d'acrimonie, qu'elles rongent les tuniques de l'estomac, causent les douleurs les plus vives, d'horribles mouvemens spasmodiques dans les entrailles, resserrent, froncent, déchirent les petits vaisseaux sanguins, ou du moins diminuent assez leur diamétre pour produire des inflammations d'une très-mauvaise espece. Si le linge exposé à la rouille en est percé, rongé, quelle impression ne doit-elle pas faire sur les tuniques plus tendres des ventricules & des intestins? Aussi par les dissections anatomiques, apperçoit-on presque toujours dans les animaux morts de maladies contagieuses les ventricules enflammé & leurs tuniques intérieures parsemées de tâches livides, gangréneuses qui continuent le long du canal inteſtinal.

Nous avons dit que la conſtitution de l'air étoit une des cauſes des maladies épidémiques des beſtiaux. Pour ſçavoir comment cette cauſe agit, (17) il faudroit ſçavoir quelle eſt la diſpoſition de cet air & quelle eſt la nature des miaſmes contagieux dont il eſt chargé. Mais c'eſt une choſe que nous ignorons, dit Sydenham, (*Conſt. Epid. Lond. ann. 1665.*) nous pouvons ſeulement appercevoir ſes effets ſur l'œconomie animale. On a toujours découvert, dans les animaux enlevés par les maladies contagieuſes & qui ont été ouverts, des marques d'inflammation & de putréfaction ; on peut donc réduire ces maladies aux putrides (18) & aux inflammatoires : en effet, toutes celles dont nous avons parlé, empruntoient l'un ou l'autre de ces caractères ; ce n'eſt pas que les maladies putrides ne different entre elles de même que les inflammatoires, mais cette différence ne conſiſte que dans les degrés d'intenſité : les fievres malignes & peſtilentielles tiennent le plus haut degré d'intenſité dans la putréfaction, & elles ſont aux putrides ce que la gangrene ou le ſphacele eſt à l'inflammation.

L'epidémie de 1690 ſe manifeſta avec des puſtules. Lorſqu'il paroît des exanthêmes ſur la peau, il faut que les vaiſſeaux cutanés ſoient engorgés d'une matiere qui ne ſçauroit circuler librement dans ces petits vaiſſeaux, & par conſéquent il y a inflammation. En 1693 on trouva, dans preſque tous les animaux que l'on ouvrit une ſuppuration dans le poulmon; or il n'y a point de ſuppuration qu'il n'y ait eu une inflammation antécédente. La maladie, qui en 1712 fut ſi funeſte au bétail dans la Baſſe Hongrie, parut avec des puſtules qui contenoient une matiere très-fœtide : la puanteur de cette matiere & de l'humeur qui découloit de la bouche & des naſeaux, prouvent que la maladie étoit compliquée, & que la putréfaction ſe joignoit avec l'inflammation. L'Auteur, qui a décrit la conſtitution épidémique d'Auſbourg, dit lui-même que la maladie du bétail étoit putride & inflammatoire; tout l'annonçoit comme telle, puiſqu'elle étoit accompagnée d'une dyſſenterie purulente, que les excrémens étoient d'une puanteur inſupportable, & qu'à l'ouverture des cadavres on voyoit l'épiploon, les ventricules, les inteſtins attaqués d'inflammation, & la langue couverte de boutons rouges; n'apperçoit-on pas la marche d'une inflammation qui ſe termine par la gangrene dans cette veſſie d'abord blanche, enſuite rouge & enfin noire, qui l'année derniere , & en 1731 survenoit à la langue des bestiaux ? Le caractère de la maladie contagieuse de 1740 & des années suivantes étant le même que celui de 1711, on observa pareillement à l'ouverture des bêtes à cornes , les effets d'une fievre putride , maligne & inflammatoire ; on trouvoit, dans le premier ventricule, dont il sortoit un air infecte, des alimens d'une très-mauvaise odeur , & qui s'y étoient corrompus par leur séjour , car l'estomac en étoit plein, quoique les animaux malades eussent été trois ou quatre jours sans manger : le second ventricule contenoit une matiere qui sembloit avoir été desséchée, ses membranes noires, gangrénées, se déchiroient aisément, de même que la membrane intérieure du troisiéme ventricule & des intestins, qui étoit semée de tâches violettes & qui contenoit quelquefois du pus. On voyoit encore des hydatides & des tâches noires au foie, au poulmon & aux méninges du cerveau. Dans les bœufs ouverts à Minorque en 1756, on trouvoit, dans presque tous les visceres de l'abdomen , des traces d'une inflammation terminée par la gangrene ; enfin on a remarqué, dans une brebis morte du clavin aux environs de Beauvais , que les poulmons sur lesquels on appercevoit quelques pustules semblables à celles de l'extérieur, avoit une couleur livide ; que l'épiploon étoit d'un rouge obſcur ; que la membrane interne d'un des ventricules étoit parſemée d'une quantité de puſtules blanches de même nature que celle de la peau, mais plus petites; que le foie, & les reins étoient d'un verd obſcur, que leur ſurface à une ligne de profondeur étoit caſſante, & que le ſang de la veine-cave reſſembloit vers le foie à la coëne qui recouvre le ſang des pleurétiques.

Puiſque l'on a conſtamment obſervé, par l'ouverture des cadavres, que toutes les maladies épidémiques des beſtiaux étoient ou putrides ou inflammatoires, on voit de quelle façon on doit ſe conduire dans la curation de ces maladies. (19) Si elles ſont inflammatoires, les indications, que l'on doit remplir, ſont de tempérer dès le commencement la fougue du ſang, de diminuer ſa raréfaction, ſa vélocité & la force ſyſtaltique du cœur & des arteres, afin d'empêcher que l'impétuoſité du fluide artériel, qui pouſſe avec force ce qui le précede, n'augmente l'engorgement dans des petits vaiſſeaux qui en ſont très-ſuſceptibles, puiſqu'ils vont en décroiſſant de diamétre. C'eſt à quoi l'on remédie par les ſaignées, d'autant plus néceſſaires dans les maladies inflammatoires du bétail, que l'action des vaiſſeaux, ſur le ſang qu'ils contiennent, eſt plus forte. Ce fluide eſt naturellement diſpoſé à la concrétion ; lorſqu'il eſt trop comprimé dans les arteres, ſes parties rouges, ſphériques, qui ne ſe touchoient que par des points, étant preſſées, ſe toucheront par un plus grand nombre de points, deviendront adhérentes les unes aux autres, & cela d'autant plus facilement, que pendant la fievre & lorſque le mouvement du ſang eſt accéléré, la partie aqueuſe qui tenoit ces globules ſéparés ſe diſſipe. C'eſt pour cette raiſon que les maladies inflammatoires ſont plus dangereuſes dans les perſonnes robuſtes, dans les gens de la campagne & dans ceux qui font de violens exercices, parce que leur ſang a plus de conſiſtance, eſt plus fourni de globules rouges & a moins de parties aqueuſes ; c'eſt par la même raiſon que les chevaux, les bœufs qui travaillent beaucoup, dont les fibres ſont fortes & tendues, dont le ſang eſt d'un rouge plus foncé que le nôtre, ſont plus en danger dans les maladies inflammatoires : il faudroit donc, ſitôt qu'on s'apperçoit qu'elles ſont de cette nature, recourir promptement à la ſaignée ; car ſi l'on attendoit que l'engorgement dans les petits vaiſſeaux fût tel que leur parois en fuſſent rompues, cette opération deviendroit inutile, & l'inflammation se termineroit par la suppuration, si elle n'alloit pas jusqu'à la gangrene. On sent bien que les boissons tempérantes & délayantes ne sont pas moins nécessaires que les saignées.

Si au contraire on appercevoit des signes de putréfaction, il faudroit aussitôt avoir recours aux remedes évacuans, tant pour débarrasser les premieres voies des matieres corrompues qui y croupissent, & qui en passant dans le sang lui communiqueroient leur caractère & augmenteroient la putréfaction, que pour faire dégorger les glandes du canal intestinal par les irritations modérées des cathartiques sur leurs vaisseaux excrétoires; ce qui favorise l'évacuation d'une grande quantité de mauvais sucs dont le sang se dépure. Les premieres voies étant débarrassées, les digestions se font mieux, elles fournissent au sang un meilleur chyle, les sécrétions se rétablissent, & les boissons antiseptiques, qu'il convient d'employer dans ce cas, achevent de détruire le virus qui avoit infecté les humeurs.

Ce sont ici des remedes généraux; mais il en est d'autres dont on doit se servir suivant les circonstances, & en se conformant aux indications de la nature: voyons comment & dans quel cas il faut les appliquer.

L'anatomie comparée nous apprend que la ſtructure des beſtiaux differe peu de la nôtre ; les fonctions animales & vitales ſont les mêmes , les ſécrétions ſe font de même : pourquoi donc ne pas employer dans leurs maladies les mêmes remedes que nous employons dans les nôtres ?

Si l'on avoit à traiter une maladie épidémique qui attaquât les beſtiaux , ſi elle s'annonçoit avec une éruption cutanée ou avec des boutons de petite vérole , telle que celle de 1690 , décrite par Ramazzini , il faudroit examiner ſon caractère, car les éruptions cutanées proviennent quelquefois de la violence de la fievre , des alimens âcres & ſtimulans ; des remedes & des cordiaux dont on a trop fait d'uſage , alors on ne peut rien attendre de bon de l'éruption des exanthêmes , mais quelquefois elle eſt le produit d'un effort de la nature qui chaſſe au-dehors ce qui l'incommode , pour lors ces éruptions ſont avantageuſes , & il faut les favoriſer. Dans le premier cas la fievre eſt vive , la chaleur très-conſidérable , & tous les ſignes de l'inflammation paroiſſent ; dans le ſecond cas le pouls eſt foible quoique précipité , & les forces abattues ; on ſent bien qu'on doit ſe conduire différemment dans ces deux poſitions. Dans la premiere, il faudroit recourir promptement à la ſaignée, mettre en uſage les boiſſons rafraîchiſſantes, telles que l'eau, dans laquelle on aura fait diſſoudre du ſalpêtre, du ſel de prunelle : il faut une once de ſalpêtre ſur environ quinze livres d'eau ; à la place du nitre ou ſalpêtre on peut y mêler du vinaigre ou de l'eſprit de vitriol juſqu'à une agréable acidité ; on ne donnera aux animaux malades qu'une nourriture légere, de l'herbe fraîche, du ſon bouilli : par ce moyen on pourra empêcher les progrès de l'inflammation, & diſſiper par la réſolution celle qui ſeroit déja formée. Dans la ſeconde poſition au contraire, il faudroit bien ſe garder d'employer les mêmes remedes : les ſaignées ſeroient mortelles ; elles feroient diſparoître l'éruption qu'il faut favoriſer par la thériaque qu'on fait prendre à un bœuf, à un cheval, à la doſe d'une once : on ſoutiendra l'éruption, en lui donnant tous les jours deux cuillerées de ſoufre en poudre fine mêlé avec du ſon ; la boiſſon ſera de l'eau dans laquelle on fera diſſoudre du ſel marin. Ce ſel eſt un diurétique qui aide à dépurer le ſang par la voie des urines. (*Prem. Vol. des Mém. préſ. à l'Acad.*) On facilitera de plus en plus cette dépuration par un ſéton qu'on fait dans les bœufs au fanon, en perçant avec un biſtouri la peau de part en part. On paſſe à travers l'ouverture faite par le biſtouri, une languette de toile enduite de baſilicum, ayant ſoin de nettoyer tous les jours la plaie & la toile qui ſe charge de pus, en tirant à chaque panſement l'une des extrêmités de la languette, pour faire ſortir de la plaie la partie de la toile qui eſt chargée de pus. Si malgré cela l'éruption ne ſe ſoutenoit pas, il faudroit réïtérer la doſe de la thériaque, & donner de tems en tems pour boiſſon de l'eau dans laquelle on auroit fait bouillir de la ſalſe-pareille & du ſaſſafras ou de la racine de contrayerva.

La maladie contagieuſe qui parut dans la Heſſe en 1693, ſe terminoit (20) par une phthiſie pulmonaire qu'on auroit pû prévenir & combattre avantageuſement dans le commencement par des ſaignées, des boiſſons tempérantes, nitrées ou acidules ; ſouvent on ſeroit parvenu à réſoudre l'inflammation, à l'empêcher de ſe terminer par la ſuppuration. Si cependant en pareil cas on ne pouvoit pas entiérement la parer, il ſeroit très-à-propos de donner tous les jours aux animaux malades une demi-once de ſoufre & autant de cinabre d'antimoine qu'on mêleroit avec du ſon ; en même tems on les broſſeroit fortement, opération qu'on répéteroit ſouvent pour déterminer, vers les couloirs de la peau, la matiere qui produiroit des abſcès dans le poulmon. La petite vérole, qui n'a pas bien ſuppuré, forme des dépôts ſur la poitrine; par la raiſon des contraires une éruption cutanée, une détermination des humeurs vers la peau doit dégager la poitrine, c'eſt ce que nous voyons tous les jours. Un ulcere, un cautere, ſont des égouts qui déchargent le poulmon; on auroit pû prévenir ainſi la phthiſie, puiſqu'elle étoit produite par la même cauſe qui trois ans auparavant avoit produit la petite vérole: c'étoit entrer dans les vûes de la nature.

La maladie contagieuſe qui a régné en France & dans toute l'Europe, depuis 1740 juſqu'en 1750, & qui avoit paru précédemment dans les années 1711, 1712, en Hongrie, en Allemagne & en Italie, s'annonça avec les ſymptômes d'une fiévre putride, maligne, inflammatoire. Comme le goſier, les ventricules & les inteſtins étoient extrêmement irrités par une humeur cauſtique, la premiere attention qu'on devoit avoir dans la curation d'une pareille maladie, étoit de tempérer la grande acrimonie de cette humeur par une boiſſon antiſeptique, adouciſſante, & de prévenir l'inflammation qu'elle peut cauſer, par une ſaignée. On commence donc par faire avaler matin & soir, aux animaux malades, un verre d'huile d'olives, de lin ou de noix, avec un demi-verre de vinaigre mêlé dans une chopine d'eau légérement tiéde; on ne leur donne presque les deux premiers jours que de l'eau mêlée avec du vinaigre ou de l'esprit de vitriol ou avec une décoction d'oseille jusqu'à une agréable acidité, car il faut les tenir à la diéte & mettre tout au plus devant eux quelques poignées de son maigre qu'on aura fait bouillir, pour laisser dégorger les ventricules qui sont remplis d'alimens, comme nous l'avons observé; après quoi on leur donnera une once de safran des métaux pulvérisé, ou ce qui est mieux encore, on fait infuser pendant 24 heures l'once de safran des métaux dans une pinte de vin blanc, & on leur fait avaler le tout avec la corne ou un entonnoir; la dose pour les chevaux, les bœufs & les vaches, est d'une pinte, & d'un demi-septier pour les brebis: les animaux, qui ont pris ce remede, doivent rester tout le jour chaudement à l'étable, & ne manger que le soir, parce qu'il agit autant par la transpiration que par les selles. J'ai éprouvé plusieurs fois l'efficacité de ce remede; néanmoins la violence de la maladie ne permet pas de s'y borner. Le séton, que nous avons déjà proposé ailleurs, est ici de la plus grande utilité. Si les gens de la campagne n'avoient pas la facilité de se procurer du safran des métaux, ils pourroient lui substituer deux onces de racines de bryone seche & réduite en poudre, ou une once & demie de celles de cabaret. Le safran des métaux vaudroit cependant beaucoup mieux. Quant aux racines de gratiole & de tithymale, je les crois trop corrosives (21) pour favoriser l'écoulement de la bave & de la morve, on soufflera dans les naseaux de la poudre d'ellébore ou de maron d'inde, & on lavera tous les jours la bouche avec le vinaigre thériacal.

Si malgré ces remedes, les accidents de la maladie ne diminuent pas, il faudroit avoir recours au quinquina qu'on donneroit soir & matin à la dose d'une demi-once associé avec deux gros de sel de prunelle & vingt grains de camphre : ces remedes sont d'excellens antiseptiques, & spécialement le quinquina dont on connoît la vertu dans les cas de gangrene : les gens de la campagne, qui trouveroient ce remede trop coûteux, pourroient lui substituer une demi-once de racine de gentiane avec une demi-once de suie de cheminée, il faut prendre celle des cuisines parce qu'elle est plus chargée de ſel ammoniac, on lui aſſocie également le ſel de prunelle & le camphre, parce que rien n'eſt plus eſſentiel que de rétablir les ſécrétions, & que ces remedes dégagent les couloirs de la peau & ceux des urines. A la place du vinaigre thériacal, on peut prendre du fort vinaigre, dans lequel on diſſout une poignée de ſel & on écraſe quelques têtes d'ail mondées; on notera que ſi la ſaignée n'a pas été pratiquée dès le commencement, elle devient dans la ſuite plus nuiſible que profitable.

Lorſqu'on voit au poitrail & aux aînes des tumeurs dures, des bubons, comme on l'apperçut dans l'épidémie qui ſuccéda en Allemagne à celle de Hongrie, & qu'on regarda comme une ſuite de cette derniere, alors il faut appliquer des ventouſes ſur ces tumeurs & ces bubons pour y attirer une plus grande quantité d'humeurs, ſcarifier la partie, la faire ſuppurer avec l'onguent de ſtyrax, le baſilicum, ou quelqu'autre ſuppuratif; & pour déterminer la matiere qui eſt le foyer de la maladie à s'échapper tant par cette voie que par les couloirs de la peau, on fait avaler tous les jours à l'animal malade une demi-once de ſuie de cheminée dans un verre de vinaigre thériacal. On a ſouvent eu lieu d'obſerver que la ſuppuration des bubons des parotides, étoit un égout, une crise salutaire, qui terminoit les fiévres malignes pestilentielles.

Le vinaigre thériacal n'est autre chose que du vinaigre ordinaire & très-fort ; on en prend une bouteille, dans laquelle on fait dissoudre deux onces de thériaque.

Si l'on appercevoit sur la langue (22) des bestiaux une vessie rouge, qui finit par devenir noire; telle qu'on l'observa l'année derniere & en 1731, il faut se défier de cette vessie ; c'est une pustule maligne qui les fait périr dans 24 heures, par conséquent le remede doit être très-prompt ; on doit cerner au plûtôt cette vessie, la séparer de la chaire vive, enlever la peau & tout ce qui paroît noir, laver ensuite la plaie au moins trois fois par jour avec le plus fort vinaigre dans lequel on aura fait dissoudre du sel, jusqu'à ce qu'elle soit cicatrisée.

On a publié, sous le nom de M. Fradet, Secretaire de l'Intendance de Chaalons en Champagne, un remede pour prévenir ce mal. Il consiste à frotter deux fois par jour la langue des bestiaux, avec un linge trempé dans la décoction suivante.

Prenez de la rue, de l'absinthe, des aulx, de la suie de cheminée, une poignée de chaque espece, du poivre & du sel de chacun deux pincées, faites bouillir le tout

tout pendant cinq à ſix minutes, dans une pinte du plus fort vinaigre, ſi la maladie eſt déclarée; on cerne la veſſie & on l'enléve, comme nous venons de le dire; on lave pluſieurs fois dans la journée la plaie avec du vinaigre dans lequel on aura mis une poignée d'ail, une poignée de ſel, une cuillerée de poivre, de la ſuie de cheminée, du vitriol bleu & de l'alun de la groſſeur d'une noix muſcade; on peut ſupprimer le vitriol bleu & l'alun qui, étant très-aſtringents, froncent les fibres de la langue, entretiennent l'inflammation dans cette partie, & empêchent l'animal de manger.

Le claveau, ou petite vérole (23), eſt la maladie la plus dangereuſe qui, après la peſte, puiſſe infecter un troupeau. Nous ne la diſtinguerons pas, comme M. Haſtfer, en petite vérole du printems, de l'été, & de l'automne, parce qu'elle regne auſſi l'hiver, mais en diſcrete ou bénigne, maligne & confluente. La petite vérole bénigne ou diſcrete n'a pas beſoin de remedes, on peut, & on doit l'abandonner à la nature. La confluente au contraire demande les plus grandes attentions. Quelles que ſoient les cauſes de cette maladie, que les Médecins Arabes attribuent à un levain héréditaire, & Sydenham à des miasmes venimeux : quelle que soit la matiere qui la produit, on ne doit en attendre l'expulsion que de la suppuration & du dessechement des pustules par lesquelles le claveau se manifeste ; il faut donc qu'il y ait une éruption : mais quelquefois l'inflammation est languissante, l'éruption est foible, paroît avec peine, ou est supprimée ; quelquefois aussi l'inflammation est à son plus haut point, & l'éruption si considérable, qu'on ne peut en attendre une résolution avantageuse : on ne doit donc pas suivre la même méthode dans la curation de cette maladie, car si on la traite par des cordiaux, dans le dessein de favoriser l'éruption, souvent on augmente l'inflammation qui n'étoit déjà que trop considérable : si au contraire, on ne se sert que de remedes antiphlogistiques, on concentre le venin qui va former des dépôts dans l'intérieur du corps. C'est par conséquent le caractere de la maladie qui doit nous diriger. Si donc la fiévre étoit vive, & qu'on fût menacé d'une inflammation considérable, il faudroit d'abord faire une saignée à la jugulaire, & même répéter la saignée, parce qu'on ne tire aux moutons que deux à trois onces de sang à chaque fois : on a remarqué dans l'épidémie de Beauvais, que cette opération avoit été très-avantageuse ; elle diminue quelquefois le nombre des boutons, mais ceux qui restent deviennent plus larges & suppurent plus abondamment. On donne tous les jours aux animaux malades deux gros de salpêtre incorporés avec du miel, & pour boisson de l'eau tiéde dans laquelle on mêle du vinaigre ou de l'esprit de vitriol jusqu'à une agréable acidité. On ne doit point oublier ici le seton ; si les boutons étoient violets ou de couleur de pourpre, ils annonceroient la gangrene ou tout au moins une disposition prochaine à la gangrene. Dans ce cas, il faut se presser de leur donner deux ou trois fois par jour un gros de quinquina, un demi-gros de sel de prunelle & huit grains de camphre incorporés dans du miel. Ces boutons violets sont de mauvaise augure & annoncent une mort prochaine, cependant on a sauvé quelques moutons désespérés par le traitement que nous venons d'indiquer, il faut les tenir à l'étable & les empêcher de sortir, surtout en hyver.

Si l'éruption étoit difficile & les forces languissantes, non-seulement on s'abstiendroit de la saignée, mais on auroit recours aux remedes qui poussent vers les couloirs de la peau ; on donneroit jusqu'à un gros de poudre de vipere, dans une décoction de racine de contrayerva. On appliqueroit un emplâtre vessicatoire au cou après avoir bien enlevé la laine. Cet emplâtre doit être sans graisse, & fait avec le levain, le vinaigre & les cantharides en poudre. On le tient long-tems appliqué, parce que les cantharides mordent avec peine sur la peau des moutons : on pourroit même de tems en tems employer la décoction des bois sudorifiques, car la boisson ordinaire doit être de l'eau dans laquelle on a fait dissoudre du sel marin.

Lorsque les boutons reparoissent, on entretient l'éruption, en donnant tous les jours une demi-once de fleurs de soufre avec autant de baies de laurier en poudre, le tout mêlé dans un peu de son ; on continue ces remedes jusqu'à ce que les boutons commencent à suppurer, alors on supprime le soufre & les baies de laurier, mais on persiste à leur donner pour boisson de l'eau rendue diurétique par le sel marin. On a soin d'entretenir l'écoulement de la morve, en lavant le nez avec une décoction de tabac & en soufflant dans les narines de l'éllébore & de la bétoine en poudre, car quoique l'abondance de la morve soit de mauvais augure, ce n'est pas que ſon écoulement ne ſoit très-avantageux, de même que le ptyaliſme dans les hommes, mais c'eſt que ce ſymptôme dans le clavin annonce toujours beaucoup de putréfaction.

Lorſqu'il eſt ſec, comme il forme toujours quelque dépôt ou ſur les yeux ou ſur la poitrine, il eſt très-à-propos de purger les moutons avec une demi-once d'aſſa fœtida en poudre qu'on leur fait manger avec du ſon pendant la journée.

M. Haſtfer, Suédois, (dans ſon ouvrage ſur la maniere d'élever & de perfectionner les bêtes à laine) traite cette maladie bien différemment de ce que nous venons de dire; il en attribue la cauſe à l'abondance des humeurs; il ne preſcrit que des remedes deſſicatifs, ſudorifiques, du ſel, de la liveche, de l'eupatoire, quelques grains de civette, & le tout ſous une forme ſeche : bien plus, il ne veut pas qu'on donne à boire aux brebis tant qu'elles ſont malades. Cette méthode peut-être bonne pour la Suéde, pays froid où la tranſpiration eſt peu abondante, les plantes plus aqueuſes & le ſang plus chargé de ſéroſités, mais je doute qu'on réuſsît en les traitant ainſi en Languedoc & en Provence où les alimens ſont plus ſecs & portent moins d'humidité dans le ſang. Il faut toujours avoir égard au pays, au climat, dans le traitement des maladies, ſoit épidémiques ou autres. La poſition de Naples ſur le bord de la mer, en face d'un volcan, dans un pays qui abonde en ſoufre, celle de Rome dans une campagne baignée par un fleuve qui a peu de pente & où les eaux ſéjournent, ſont bien différentes de Paris, de Lyon, villes plus méditerranées & dans un climat plus froid. Cette différence dans la poſition & le climat doit en apporter dans les maladies épidémiques, & par conſéquent dans leur traitement. S'il eſt avantageux de connoître la nature des maladies épidémiques des beſtiaux, & de ſçavoir les combattre par des remedes victorieux, il l'eſt encore davantage de ſçavoir les en garantir (24). Prevenir une maladie, c'eſt ſe ſouſtraire aux cauſes qui la produiſent ou rendre leur action nulle. Lorſqu'elle eſt l'effet de la conſtitution de l'air, il eſt bien difficile d'en préſerver les animaux; ainſi que nous, ils ſont continuellement expoſés à ſon contact immédiat, ils le reſpirent, il s'introduit avec les alimens dans les entrailles, il pénetre dans les véſicules aériennes du poulmon où il dépoſe de même que ſur toute la ſurface du corps les miasmes dont il est chargé, & sur lequel il agit par son plus ou moins d'élasticité, & selon qu'il est plus dense ou plus raréfié : néanmoins il est prouvé par plus d'un exemple qu'on peut changer sa constitution ; on sçait de quelle utilité furent ces feux que fit allumer Hippocrate pendant la peste. Levinus Lemnius (*Lib. II. de Occult. nat. mirac. cap. 10.*) dit que la garnison de Tournai éloigna la peste de cette ville en tirant tant de coups de canon & en brûlant tant de poudre, que l'air en fut changé & la ville délivrée de ce terrible fléau. Rien effectivement n'est plus propre à corriger les mauvaises qualités d'un air corrompu que ces excellens antiseptiques, l'acide sulphureux & nitreux dont l'air reste chargé après la déflagration du phlogistique dans la poudre à canon. Il n'y auroit donc rien de mieux que de faire brûler dans les étables du soufre associé avec du salpêtre, ou d'y faire bouillir du vinaigre jusqu'à ce qu'il fût totalement évaporé. On peut encore y brûler des baies de genievre, de la myrrhe, de l'oliban, de l'assa-fœtida, mais ces derniers parfums ne doivent être employés que l'hyver ; ils sont d'ailleurs moins efficaces que les acides. Il faut aussi tenir ces étables le plus nettes qu'il eſt poſſible, en blanchir les murs ou les laver avec le vinaigre, renouveller ſouvent la litiere, ouvrir des portes ou des fenêtres du côté du Nord ; c'eſt ainſi qu'on corrige les mauvaiſes qualités de l'air.

On ſe ſouſtrait encore à ſon action & on la rend nulle, en diſpoſant les beſtiaux à en être peu affectés. Ainſi quand la conſtitution épidémique eſt inflammatoire, il eſt à propos de leur faire une ſaignée, de leur donner de tems en tems des boiſſons acidules, de ne pas les laiſſer expoſés aux grandes chaleurs, de ne pas les forcer de travailler, & d'empêcher qu'ils ne paſſent ſubitement d'un lieu chaud dans un lieu froid, ou qu'étant échauffés ils ne boivent de l'eau trop froide. Si au contraire la nature de l'épidémie étoit putride, il conviendroit de les purger, ou avec le ſafran des métaux (25), ou avec l'aſſa-fœtida, ou les racines de bryone, de cabaret, de leur donner des boiſſons acidules, antiſeptiques, de les broſſer ſouvent, ſoit pour enlever les miaſmes contagieux adhérens aux poils & qui pénétreroient dans la peau, ſoit pour rendre la tranſpiration plus abondante ; on ne ſçauroit croire combien de maux cauſe la ſuppreſſion de la tranſpiration, & combien on en prévient en rétabliſſant ſon écoulement. (*Voy. Sanctorius & de Gorter*).

Lorſque les maladies épidémiques du bétail viennent de la mauvaiſe qualité des alimens, il eſt certain qu'il eſt en notre pouvoir d'en prévenir un grand nombre. Bannir des prés & des pâturages les plantes nuiſibles dont nous avons parlé, former des prairies artificielles, empêcher qu'on n'abreuve le bétail dans des eaux croupiſſantes & corrompues, c'eſt détruire la ſource de beaucoup de maladies. Tout le monde connoît à préſent l'avantage des prairies artificielles, le bénéfice qu'on en retire n'eſt pas ce qui entre ici en conſidération, mais la bonté des plantes qui les compoſent, le trefle, la luzerne, le ſainfoin, le raygraſs, ſont des plantes auſſi ſaines que nourriſſantes. Comme elles parviennent à une certaine hauteur, on pourroit les garantir des effets de la nielle, ce que l'on ne pourroit pas faire à l'égard des herbes rampantes. Dans quelque pays, lorſque l'on s'apperçoit que la nielle s'eſt attachée au bled, deux hommes tenant chacun l'extrémité d'une corde parcourent toutes les terres enſemencées en ſe tenant auſſi éloignés l'un de l'autre que la longueur de la corde peut le leur permettre ; cette corde, ſoit en faiſant courber la tige du bled, ſoit en lui imprimant quelques ſecouſſes fait tomber la nielle ; ſi cette manœuvre eſt bonne, ce que je n'oſe garantir, on pourroit pratiquer la même choſe à l'égard des prairies artificielles, l'orſqu'on s'apperçoit qu'elles ſont infectées par cette roſée. Quant aux herbes rempantes qu'on ne ſçauroit en préſerver par ce moyen, il faudroit empêcher que le bétail ne s'en nourrit lorſqu'elles ſont encore chargées de cette rouille, il faudroit encore attendre que la pouſſiere noire engendrée par la rouille eût été diſſipée par les vents, & que les plantes euſſent repouſſé de nouvelles feuilles, les premieres ayant été détruites par cette roſée corroſive (26).

Nous avons dit que pendant la peſte de Londres, l'eau s'étoit chargée d'une pellicule bleue qui, donnée à un chien, mêlée avec du pain, le fit mourir dans le même jour. Cette pellicule ſe trouve toujours ſur les eaux qui n'ont point de cours. Elle eſt plus ou moins dangereuſe, ſelon que l'air eſt plus ou moins infecté, & l'eau plus chargée de corps étrangers ; il eſt donc de la derniere conſéquence d'empêcher le bétail d'en boire, & s'il n'y en avoit point d'autre, il ſeroit eſſentiel de la bien battre avant que de le conduire à l'abbreuvoir : c'est ainsi que sur les vaisseaux, en brassant l'eau quand elle est corrompue, on parvient à la rendre moins mal-saine, les impuretés se précipitant au fond des tonneaux. Boyle ne manquoit pas de se pourvoir de celle qui restoit sur les vaisseaux après des voyages de long cours ; il prétendoit qu'ayant été très-souvent battue, elle ne contenoit rien qui lui fût étranger, & que c'étoit la plus pure de toutes les eaux.

Si l'on n'a pas été assez heureux pour garantir ses troupeaux des maladies contagieuses, on doit faire tous ses efforts pour en empêcher les progrès. On ne peut y réussir qu'en interceptant (27) toute communication des animaux sains avec ceux qui sont infectés, sans quoi la maladie ne se transmet que trop aisément. Les bœufs coupent l'herbe avec leur langue (28), leur salive par conséquent s'attache à celle qu'ils ont coupée, s'ils sont malades l'herbe est infectée ; que d'autres bœufs viennent la brouter, ils contracteront la maladie dont les premiers sont atteints. Ces animaux aiment à se lécher ; comme ils ont la langue très-rude, ils détachent aisément de la peau de leurs voisins une quantité de poils dont il se forme dans leur estomac des égagropiles qui les incommodent beaucoup, lorsqu'ils sont d'une grosseur considérable, mais ce n'est pas ici le plus grand mal. La transpiration est viciée dans l'état de maladie, & le poil tombe aisément; cette humeur viciée, adhérente aux poils qu'un bœuf sain aura avalés, est un germe qui va faire éclore la maladie dans ce dernier, il en sera de même pour les autres animaux, dont plusieurs ont le défaut de se lécher. Il faut donc souvent les visiter, non-seulement séparer les sains de ceux qui ne le sont pas, mais de ceux en qui l'on soupçonne la moindre indisposition, abandonner les pâturages, les abbreuvoirs communs; il faut que les crêches, les auges, les baquets qui ont servi aux uns ne servent point aux autres, à moins que le tout n'ait été lavé ou avec de l'eau de chaux, ou avec le vinaigre, & ensuite parfumé; que les personnes qui ont soin des malades ne passent pas auprès de ceux qui se portent bien avant que de s'être lavé, & d'avoir changé d'habits, ou du moins que ces habits soient de toiles & non pas de laine, ce qui transmet plus aisément la contagion.

On ne sçauroit apporter trop d'attention à ce que les cadavres soient enterrés profondément, ſur-tout dans les pays chauds & humides, ſoit pour empêcher que les animaux carnaſſiers ne s'en infectent & ne répandent encore davantage la contagion, ſoit pour ne pas augmenter les exhalaiſons putrides dont l'air n'eſt déjà que trop chargé; elles penſerent nous être funeſtes à Minorque. Cette iſle n'étant qu'un rocher recouvert d'une couche de terre peu profonde, il ne fut pas poſſible d'enterrer les bœufs qui moururent; on les jetta dans le port attachés à des poids très-lourds; mais malgré cette précaution ils ſurnagerent peu de tems après, ce qui arrive toujours. L'air qui eſt contenu dans les humeurs, & qui y reſte dans un état de diſſolution & ſans élaſticité venant à reprendre ſon reſſort en ſe dégageant de ces humeurs lorſqu'elles tombent en diſſolution, ſe débande, occupe beaucoup plus d'eſpace qu'il n'en occupoit auparavant, augmente ſenſiblement le volume des corps, ſans augmenter leur peſanteur, l'augmentation de leur volume les rend plus légers que la colomne d'eau qui les ſoutient, ils ſurnagent. Ces bœufs, d'une puanteur horrible, infecterent l'air du port: déjà on voyoit beaucoup de malades parmi ceux qui demeuroient habituellement ſur les vaiſſeaux, lorſqu'on éloigna les cadavres en les conduiſant avec des chaloupes en pleine mer, mais ayant été rejettés dans le port par les courans, on fut obligé de les brûler. Ce qu'on vient de dire prouve qu'on ne doit jamais jetter les corps morts dans les rivieres, tant parce qu'ils ne reſtent au fond de l'eau qu'un certain temps après lequel ils ſurnagent & infectent l'air, que parce qu'ils communiquent à l'eau une très-mauvaiſe qualité.

J'ai remarqué avec regret dans le cours de l'épidémie qui a regné depuis 1740 juſqu'en 1750, qu'on ne prenoit pas dans nos campagnes la moindre précaution pour en empêcher les progrès. On écorchoit les bœufs & les vaches qui mouroient, on gardoit leur peau, œconomie funeſte au bétail & ruineuſe pour le maître. Il ne doit être permis de garder ces peaux, qu'après les avoir fait macérer quelque tems dans de l'eau de chaux.

Le fumier eſt encore un de ces objets auxquels on ne fait pas aſſez d'attention. Car il eſt très-propre à communiquer la contagion quand on le laiſſe expoſé à l'air. Tout celui qui provient des animaux malades doit être brûlé ou enterré profondément.

Lorſqu'on eſt obligé de faire paſſer du

bétail dans une écurie précédemment infectée, on ne sçauroit prendre trop de précaution pour en bien nettoyer le sol, les murs & les planchers, & pour en purifier l'air ; on a observé que des animaux sains avoient été atteints de maladies contagieuses, pour avoir été mis dans des étables où avoient été d'autres animaux malades, quoiqu'ensuite elles eussent demeurées vacantes un tems assez considérable. Trincavel rapporte (*Libr. 3. Consil. 17.*) que des cordes, qui avoient servi à porter des cadavres dans un tems de peste, furent tirées d'un coffre vingt ans après par un domestique qui mourut de la peste, & avec lui dix mille hommes. Sennert (*Tom. 2. pag. 150.*) parle d'une peste de Breslau qui fut communiquée par des linges en 1553, quoiqu'ils eussent restés enfermés depuis 1542. Puisque le virus, les miasmes contagieux si long-tems assoupis, conservent toutes leurs forces, peut-on purifier les étables avec trop de soin ? Ce n'est pas assez de les nettoyer, d'en tenir les portes & les fenêtres ouvertes, il en faut laver le plancher & les murs avec le vinaigre ou de l'eau de chaux, y faire brûler des parfums, bouillir du vinaigre, de l'esprit de nitre, jusqu'à ce qu'ils soient totalement évaporés. Avec les précautions dont on vient de parler, on peut se flatter de prévenir beaucoup de maladies contagieuses, d'en empêcher les progrès, & de guérir, avec le petit nombre de remedes que nous avons indiqués une grande partie des bestiaux qui en seront attaqués.

N°. 35.

Ecce autem duro fumans sub vomere taurus,
Concidit, & mixtum spumis vomit ore cruorem.

NOTES

NOTES

SUR LE MÉMOIRE

QUI a remporté le Prix de la Société Royale d'Agriculture de Paris.

ANNÉE 1765.

(1.) IL est singulier qu'un intérêt réel ait produit si peu d'effet sur l'esprit des hommes, & que le traitement des maladies soit épizootiques, soit particulieres dont les animaux les plus utiles sont si fréquemment attaqués, ait été constamment abandonné à des aveugles, gens dépourvus de toutes connoissances & de tout principe. La France & les autres Nations devront désormais à un Ministre, dont toutes les vûes tendent au bien des peuples & aux progrès de l'Agriculture, l'établissement d'une véritable Médecine vétérinaire fondée sur une théorie saine, lumineuse, & toujours d'accord avec l'expérience & l'observation. Il a paru du moins qu'on peut attendre ces avantages de l'Ecole qui a été formée sous ses auspices & par ses ordres, & les principales Cours de l'Europe ne se sont sans doute hâté d'y envoyer des Eleves que parce qu'elles en ont conçu les mêmes espérances.

(2.) Les maladies contagieuſes ſont celles qui ſe répandent par communication & qui ſe propagent d'un corps à un autre de pluſieurs manieres : à une certaine diſtance par le moyen de l'air ; de proche en proche par la voie des ſelles, brides, couvertures, harnois, jougs, qui ont ſervi à l'animal malade, & par contact, c'eſt-à-dire, par attouchement immédiat. Toutes les maladies contagieuſes ne ſont pas épidémiques ou épiſootiques. On appelle de ce dernier nom celles qui attaquant indiſtinctement pendant un eſpace de tems plus ou moins long, & dans une étendue de pays non limitée, une quantité plus ou moins conſidérable d'animaux d'une même eſpece, & quelquefois d'eſpeces différentes, dépendent toujours d'une cauſe accidentelle, commune & générale. On dit maladie épiſootique d'ἐπὶ *ſuper* ζῶον, *animal*, comme on dit épidémie, d'ἐπὶ *ſuper* δημὸς, *populus*. Il eſt donc des maladies contagieuſes qui ne ſont qu'endémiques, ſporadiques, &c. Les maladies endémiques étant en quelque ſorte naturelles, propres, familieres, habituelles à certaines Provinces ou Cantons relativement à l'air, à la ſituation, aux pacages, aux pâturages, aux eaux de ces mêmes lieux, y demeurent comme fixées ſans s'étendre au loin, & ſe montrent ou ſe renouvellent en tout tems. Quant aux maladies que l'on nomme ſporadiques, qui, ſi l'on peut s'exprimer ainſi, ſont éparſes & diſperſées par-tout indifféremment & dans toutes les ſaiſons, elles affectent indifféremment quelques individus & ſont dûes à des cauſes particulieres. Telle eſt, par exemple, la morve dans les chevaux. Il eſt encore des maladies annuelles, & celles-ci ſont le plus ſouvent endémiques. Elles reparoissent en un tems déterminé de l'année dans les mêmes lieux & à peu près dans les mêmes saisons, ordinairement au commencement du printems ou à la fin de l'automne. Telle est la péripneumonie qui, dans certains cantons de quelques Provinces de France & notamment de la Franche-Comté, afflige annuellement les bêtes à cornes. Elle est connue dans celle-ci sous le nom bisarre de *Murie*. Parmi ces diverses maladies, il est important d'observer qu'il en est d'aiguës & qu'il en est de chroniques. Le danger des premieres est toujours plus pressant, & leur issue funeste, ou non funeste toujours plus prompte. La durée des secondes est plus ou moins considérable, leur diminution ou leur progrès n'ont lieu que d'une maniere insensible. Elles sont de plus bénignes ou malignes; bénignes, si, n'ayant pas une cause vraiment & essentiellement pernicieuse & contraire à la vie, elles ne portent pas un trouble énorme & un désordre subit dans les fonctions; malignes, si, affectant bientôt les parties d'où résultent la force & la vigueur de l'animal, elles le précipitent dans l'abbatement; si les symptômes en sont insolites, si leur marche n'a rien de régulier, enfin si refusant de céder à l'énergie des médicamens les plus efficaces & les mieux éprouvés, elles emportent plus ou moins rapidement un nombre considérable de malades.

(3.) La véritable expérience est l'ame de la Médecine des animaux, comme elle est l'ame de la Médecine des hommes, mais il faut faire une grande distinction de ce qu'on appelle routine, & de ce que l'on nomme, où l'on doit nommer expérience. L'une n'est qu'une pratique aveugle destituée de toutes connoissances, de toutes réflexions; l'autre naît d'une suite d'observations sur l'espece & le génie des maladies, sur leurs progrès, sur les signes qui manifestent les différentes causes qui se sont réunies & qui ont concouru à leurs productions, sur les remedes qui ont été mis en usage, sur les effets qui enont résulté. Souvenez-vous toujours, dit Hippocrate, de ce qui a opéré la cure des maladies, des formes sous lesquelles elles se sont montrées, des changemens qu'elles ont laissé appercevoir, & de leur différentes manieres d'être & d'agir dans les différens sujets: Voilà le commencement, le milieu & la fin de la Médecine. *Hoc enim principium est in Medicina, medium & finis. Hippoc. lib. de decent. ornat.* §. 8.

(4.) Quelque foibles que soient les lumieres qu'on peut attendre de la lecture des Ouvrages des Anciens, la Société Royale d'Agriculture, persuadée que les plus légers secours sont toujours d'une véritable utilité, quand on est dans une disette extrême, a pensé qu'on ne devoit pas dédaigner les notions que leurs Ecrits pouvoient donner. Ils n'offrent pas une histoire détaillée des maladies des animaux; ils n'en développent ni la nature, ni la marche, ni les évenemens; nulle idée du mécanisme des corps animés, & par conséquent nulle connoissance des loix de leurs mouvemens & des causes de la vie, de la santé & de la mort, mais on peut y trouver sinon des symptômes bien vûs, du moins des indices capables de conduire des gens d'ailleurs éclairés à la découverte des vrais mouvemens maladifs sous le poids desquels des troupeaux entiers ont succombés. Telle est la raison qui a déterminé la Société à proposer dans le dernier Programme qu'elle a fait distribuer toutes les recherches possibles sur ce qui a été dit & pensé avant nous, soit par des Médecins, soit par des Ecrivains qui ont traité de l'Œconomie rurale, soit par les Historiens & par les Poëtes mêmes, relativement aux maladies épisootiques. Ces derniers, on en convient, peuvent s'être permis des écarts ordinaires à une imagination qui s'enflamme; le vrai n'est pas toujours néanmoins tellement étouffé & noyé dans des fictions qu'on ne puisse l'appercevoir & en profiter, & rien n'est à mépriser dans un art qu'il s'agit, pour ainsi dire, de créer & de tirer des ténébres.

(5.) On ne peut pas dire que Columelle ait été absolument muet sur les maladies contagieuses & épisootiques. Il parle Liv. 6. chap. 5. des maladies pestilentielles des Bœufs. Il prescrit ce qui est à faire, quand un troupeau en est attaqué, & qu'il s'agit de préserver les animaux sains de la contagion. Il propose aussi des remedes & un traitement curatif. Il fait mention dans le chap. 13. du même Livre, de la gale, de la rage & de cette espece de peste, appellée par les Latins *coriago*, qui, selon lui, est annoncée par une adhérence très-forte & contre nature des tégumens à la colomne vertébrale & aux côtes, que quelques-uns appellent *Phthisie*, & qui, suivant le vulgaire des campagnes est un signe de ce qu'ils nomment *charbon*; enfin dans le chap. 14. il n'a pas oublié l'exulcération des poumons, & par conséquent la phthisie qui suit ordinairement des péripneumonies malignes, inconnues ou négligées. La gale des moutons, ses causes prétendues, le claveau qu'il définit assez mal, la maladie appellée *pusula* par quelques-uns, dénommée par lui, *ignis sacer*, *feu sacré*, & dont les symptômes portent avec eux tous les caracteres de la petite vérole ou du vrai claveau, les dartres dont le siege est sur les levres des agneaux qui donnent la mort aux brebis meres qui les allaitent, &c. sont autant de maladies qu'il regarde avec raison comme contagieuses, & qui sont l'objet du chap. 5. de son 7e Livre. Dans le chap. 8. il traite de la peste des chevres, dont les troupeaux, dit-il, sont plutôt détruits & ravagés en pareil cas, que ceux qui sont formés de l'ensemble d'autres animaux; enfin, il n'a omis ni les maladies générales des cochons, ni la rage des chiens, &c. Du reste, on ne doit pas croire que Végece qui a composé un Ouvrage *ex professo*, sur l'art vetérinaire, & plus particulierement sur l'hippiatrique ou la Médecine des chevaux, ne puisse être de quelqu'utilité à quiconque veut scruter, nous ne disons pas les principes de cette science, mais du moins quelques faits sur lesquels il est indispensable de les appuyer, & qu'il seroit important de connoître.

(6.) On trouve dans le second volume des Œuvres de Sydenham, imprimé à Genève, chez les freres Detourne en 1736, non-seulement tout ce que *Bernard Ramazzini* a dit des constitutions épidémiques de 1690, 1691, 1692, 1693 & 1694, mais un ensemble de ce que *Schroeck*, *Harder*, *Valentinus*, *Garhliep*, *Behrens*, *Rayger*, *Stegmann*, *Schelhamer*, *Hoyer*, *Gerbezius*, *&c.* ont écrit des constitutions épidémiques dans divers pays & en différens tems. Les uns & les autres ont été assez attentifs, lorsque le fléau s'est étendu sur les bestiaux, à ne pas omettre cette circonstance à laquelle ils ne se sont pas absolument arrêté, comme on auroit pû le souhaiter, mais on doit sçavoir gré à des Médecins occupés de la recherche des causes de la mortalité des hommes, d'avoir jetté un moment les yeux sur celle des animaux. *Sunt enim animalia post hominem, ita ars veterinaria post Medicinam secunda est. Veget.*

(7.) Nous avons un Traité de Lancisi sur la maladie contagieuse qui affligea les bœufs dans les Etats du Pape. Les sages précautions de Clément XI. avoient garanti pendant deux ans les Provinces qui lui étoient soumises de la contagion qu'un bœuf avoit apportée de Hongrie dans le Padouan; elle s'étoit propagée de-là dans tous les Etats de la République de Venise & dans le Milanois; enfin, elle avoit pénétré dans le Royaume de Naples. En 1713 & au milieu de l'été, on apprit que des Marchands de bestiaux conduisoient une grande quantité de bœufs à la Foire de Frusino, Ville dépendante du Domaine Ecclésiastique & limitrophe de ce même Royaume; pour prévenir tout danger, on défendit sur le champ, la tenue de cette foire. Les Marchands dans l'impossibilité où ils se virent de faire les ventes qu'ils avoient projettés, conduisirent, par des chemins détournés, leurs bestiaux jusqu'à Rome. Là ils les donnerent à très-bas prix, & ces animaux ayant été vendus de nouveau dans toute la Province aux Habitans des petites Villes & Villages, toute la campagne de Rome fut bientôt infectée. Un registre exactement tenu de tous les animaux morts depuis le mois d'Octobre 1713, jusqu'au mois d'Avril 1714, tems auquel la maladie cessa entierement dans l'Etat Ecclésiastique ; offre un détail effrayant des effets de cette peste qui fit périr 8466 bœufs servant au labour, 10125 vaches blanches, 2816 vaches rousses, 108 taureaux saillans, 427 jeunes taureaux, 451 bœufs hors d'état de labourer, 2362 veaux, 862 bufles, tant mâles que femelles, & 635 veaux nés de bufles, en tout 26252 animaux dans l'espace & dans la durée de neuf mois. Si l'on en croit Lancisi, en y joignant ceux qui furent enlevés depuis le 2 Août jusqu'au moment de l'établissement du registre, le nombre des morts peut être porté à 30000.

Il faut lire dans l'Auteur même tout ce qu'une sollicitude vraiment paternelle suggéra de soins & d'idées au Souverain Pontife dans cette triste & fatale conjoncture. On verra qu'on leur dût plutôt qu'aux remedes, qui tous demeurerent presqu'insuffisans, l'extinction prompte d'un fléau qui ravagea encore long-tems différens Etats de l'Italie : tant il est vrai que la sagesse des Loix & l'activité du Ministere sont souvent le secours le plus efficace contre les maladies pestilentielles.

Les signes de celle-ci se manifestoient dans quelques animaux par des mugissemens, par une sorte de terreur dont ils étoient saisis, par mille mouvemens différens qui sembloient naître de cette même terreur, & par une fuite subite & précipitée. D'autres étoient frappés d'une mort soudaine, comme s'ils eussent été atteints de la foudre, & tel étoit le sort des bœufs d'une complexion naturellement foible & débile. On observoit dans presque tous les autres animaux une profonde tristesse ; à peine pouvoient-ils soutenir leur tête ; leurs yeux étoient troubles

& larmoyans ; une quantité surprenante de mucosité & de salive fluoit de leurs naseaux & de leur bouche ; la fievre étoit des plus violentes en eux ; un abbatement considérable ne leur permettoit pas de se tenir debout ; leurs poils étoient hérissés ; leur langue, la bouche & l'arriere-bouche enflammées, ulcérées, & plus ou moins semées de pustules ; d'abord ils s'étoient montrés avec une soif ardente, bientôt ils refusoient & boisson & fourrage ; plusieurs avoient un dévoiement considérable ; les déjections étoient de couleurs différentes, toujours très-fétides, & quelquefois sanguinolentes. La plupart succomboient dans l'espace d'une semaine, étant atteints de la plus violente oppression. Leur haleine étoit insoutenable par sa puanteur, une forte toux se joignoit très-souvent à tous ces symptômes, &c.

Rarement, dit Lancisi, apperçoit-on les mêmes affections dans les visceres de ceux qui meurent de la peste. Les liquides reçoivent d'abord les particules contagieuses, ils les transmettent ensuite à telles ou telles parties, & de telle ou telle maniere, selon les différentes dispositions de ces mêmes parties, c'est ce dont il fut convaincu par l'ouverture de trois cadavres. A l'exception des petits ulceres qu'il remarqua dans la bouche, dans le gosier, dans l'œsophage & à la panse de chacun d'eux, ainsi que des traces gangréneuses qu'il observa sur leurs poulmons, toutes les autres lésions lui parurent totalement différentes. Dans la panse du premier qui étoit mort dès le troisieme jour de la maladie, il trouva une masse de fourrage extrêmement dure, & dans cette même poche une pelotte que Pline a appellé le tuf des genisses, *juvencarum tophum*, c'est-à-dire, un œgagropile. Le foie, les intestins & les poulmons du second qui étoit mort le sixiéme jour étoient absolument sphacelés; le cœur & le cerveau du troisiéme étoient tombés en pourriture, il ne leur restoit presque point de consistance. Lancisi ne vit d'ailleurs rien de sensiblement remarquable dans les liquides.

Les bœufs les moins âgés & les plus gras qui travailloient peu & qui étoient bien nourris, étoient plus aisément atteints du mal, & en périssoient plus promptement que les animaux que le travail avoit maigri, & qui étoient d'un certain âge. Lancisi croit que la plus ou la moins grande abondance des fluides, le plus ou moins d'ouvertures des canaux dans ces animaux, en étoient la véritable cause, car le ferment de la peste s'insinue, dit-il, plus facilement dans le sang & dans les esprits, & s'attache plus fortement aux visceres, lorsqu'il trouve une plus grande quantité d'humeurs à corrompre, & des obstacles dans sa route qui l'empêchent de se frayer un chemin au dehors; c'est ce qui devoit, continue-t'il, arriver à ceux d'entre ces animaux qui étoient gras & pleins de sucs.

Quoique les bœufs maigres ne fussent pas à l'abri de la contagion, & qu'ils en mourussent le plus souvent, quelques-uns n'y succomboient pas à l'aide des conduits plus ouverts en eux que dans des animaux engraissés.

Ce qu'il y eut de plus étonnant est que la plûpart des femelles des Bufles attaquées de la peste & qui nourrissoient leurs petits, ne périrent point. Leurs mammelons étoient tout couverts d'ulceres, aucun de leurs petits n'échappa.

Lancisi explique ce phénomene par la même raison. Selon lui, le venin âcre & rongeant qui s'étoit introduit dans les meres par les narines & par les alimens parvenoit par les routes larges & naturelles du chile & du sang jusqu'aux canaux les plus *exigus* des mammelles. Là il se faisoit un dépôt utile & heureux, & comme le ferment venimeux se distribuoit en partie dans le corps de leurs nourrissons, & que le reste s'arrêtoit à l'extrémité des tuyaux lactiferes ulcérés & corrodés par ce même ferment, les meres, à la faveur de ces plaies salutaires, échappoient souvent à la mort, à peu-près comme certains hommes attaqués de la peste, qu'une suppuration avantageuse des bubons conduit à une guérison entiere.

Nul spécifique au surplus contre la contagion. La plûpart des médicamens administrés furent très-nuisibles ; ceux qui n'augmentoient pas le mal ne produisirent presqu'aucun bien; aussi Lancisi proposa-t-il dans une assemblée considérable de Cardinaux de tuer d'abord tous les bœufs le plus légérement soupçonnés. Cet avis, après avoir été long-tems balancé fut rejetté, & l'on ne connut que trop dans la suite combien il auroit été sage & prudent de s'y conformer. On en eut la preuve dans le Bourg de Capravola. Cinq bœufs furent subitement atteints du mal. Après une prompte perquisition, on reconnut qu'un bœuf étranger s'étoit introduit dans le parc où l'on tenoit ceux du Bourg renfermés, on tua aussi-tôt les bœufs infectés, & la maladie n'eut pas d'autres suites.

Tous ceux qui ne laisserent aucune entrée à la contagion dans leurs domaines, tant aux environs de Rome & dans les Provinces de

Eccléſiaſtique que dans les terres des autres Princes, préſerverent leurs troupeaux. Tel fut l'effet de la vigilance du Prince Pamphile & du Prince Borgheſe, qui quoiqu'à la porte de Rome & dans la Province la plus infectée, garantirent leurs beſtiaux de toute atteinte. Le même moyen en défendit les campagnes de Corneto, du patrimoine de Saint Pierre, de l'Ombrie, de Picenum, de la Province Flaminiene, & la Toſcane ainſi que le Modénois, & c'eſt auſſi par cette voie, que les Monaſteres des Religieuſes ſont le plus ſouvent préſervés de la peſte, lorſqu'elle attaque malheureuſement l'eſpece humaine. *Voyez Lanciſi opera. T. 2. gen. 1718. diſſert. hiſt. de bovillâ peſte.*

(8.) Plenciz, Médecin très-renommé de Vienne en Autriche a fait un traité des maladies épidémiques & contagieuſes, imprimé chez Trattner en 1762. Quoiqu'il n'ait eu d'abord pour principal objet que celles qui affligent l'humanité, il n'a pû s'empêcher de conſidérer, pag. 142, 143 & 144, les ravages occaſionnés par la peſte qui attaque les beſtiaux depuis trente années, & qui ſucceſſivement en a enlevé une grande partie dans toutes les contrées de l'Europe; il en attribue la cauſe à des miaſmes putrides, vermineux, & il ſe fonde à cet égard, ſur ce qu'à l'aide du microſcope, il a obſervé dans les différens ulcéres, qui de la bouche & du goſier des animaux malades s'étendent juſqu'à leurs poumons & à leurs eſtomacs. Il atteſte à cet égard, le témoignage de Rodius *cent. 3, obſervat. 61 & 62.* celui de Bidloo, celui de Bono dans ſes lettres à Valiſnieri, &c.

Les progrès de cette maladie cruelle ayant

été tels sur la fin de l'année 1761, que les symptômes en devenoient de jour en jour plus graves, cet Auteur plein de zele s'est déterminé à rechercher plus particulierement d'une part les causes de la rapidité avec laquelle elle s'est répandue au loin, & de l'autre les moyens de la combattre. Ces deux points font la matiere d'un petit ouvrage servant de supplément à ce qu'il a dit dans celui dont nous venons de parler, *additamentum ad Tractatum de contagio, pag. 142, 143, 144, &c. seu de lue bovina ad finem vergente anno 1761, epidemia grassante, &c.*

Michel Sagar, Médecin dans le Cercle d'Iglaw en Moravie, nous a donné aussi l'histoire d'une maladie épisootique qui régnoit en 1764. Cet écrit a été imprimé en 1765, chez Kravs à Vienne en Autriche; il a pour titre, *Libellus de aphthis pecorinis anni 1764, cum appendice de morbis pecorum in hac Provincia tam frequentibus eorumdemque caussis & medelis preservatoriis.*

On y trouvera ainsi que dans celui de Plenciz de très-bonnes observations & de véritables lumieres.

On peut encore lire l'ouvrage de M. Ens, intitulé : *disquisitio anatomico-pathologica de morbo boum ostervicensium.* Il facilitera les recherches que la Société se propose de couronner dans l'année 1766.

(9.) Si la maladie qui a coûté tant d'animaux au Royaume de Dannemarck ne s'étoit manifestée que par une vessie sur la langue, elle auroit fait bien moins de progrès & n'auroit jamais pû être aussi funeste. Voici la relation qu'en reçut alors un des Membres de la Société Royale d'Agriculture.

» La contagion se répand avec beaucoup de

» rapidité ; les animaux les plus jeunes, les
» plus robustes & les mieux portans en sont le
» plutôt attaqués & meurent plus promptement.
» On a remarqué que dans la plûpart des sujets,
» la toux est le premier symptôme du mal. Les
» yeux deviennent ternes, humides & chassieux;
» il en distille même des larmes. Un ou deux
» jours après ce commencement le lait tari
» dans les vaches, & c'est la marque la plus
» sûre que la maladie les a gagnées. Au commen-
» cement l'animal a froid jusqu'à frissonner,
» à peu-près comme dans le premier période
» d'un accès de fiévre dans l'espece humaine.
» L'ardeur survient ensuite & dure plusieurs
» jours ; elle est sur-tout sensible à la nuque,
» soit par la chaleur même, soit par le battement
» du pouls. L'animal malade perd l'appétit, mais
» il boit volontiers, tant que l'inflammation ne
» l'empêche pas d'avaler ; il sort abondam-
» ment des narines & de la bouche une matiere
» baveuse accompagnée d'une puanteur insup-
» portable, & les dents s'ébranlent chez la plû-
» part ; la constipation survient quelquefois,
» mais dans tous, ou presque tous les sujets ; il y
» a diarrhée dans le commencement, il ne sort
» gueres d'excrémens, mais de l'eau. Vers la fin
» de la maladie les deux dernieres articulations
» de la queue se corrompent & deviennent
» mollasses ; si on enleve la peau qui les cou-
» vre, il en sort une matiere purulente & fétide.
» La corruption gagne de proche en proche
» jusqu'aux cornes qui deviennent froides &
» se vuident. Le mal est à son dernier terme lors-
» que le froid atteint les oreilles & les narines ;
» c'est alors que d'ordinaire l'animal meurt, au
» six ou septiéme jour depuis que le mal s'est
» manifesté.

» L'ouverture des cadavres montre la vésicule du fiel excessivement grande & pleine d'une liqueur plus semblable à de l'urine qu'à de la bile. Dans quelques-uns on a trouvé dans cette poche jusqu'à trois livres pesant de cette liqueur ; dans beaucoup de sujets l'estomac & les intestins se sont trouvés remplis de vers qui vivoient encore à l'ouverture. Il y avoit aussi dans les vaisseaux sanguins certains insectes qu'on a nommés *Plies*, à cause de leur figure qui ressemble à celle de ce poisson. Quelquefois le cerveau a paru entierement dissout en pus & en eau. En plusieurs sujets les veines étoient remplies d'un sang noir. Beaucoup avoient le col enflammé. Dans d'autres l'inflammation s'est jettée sur les entrailles, & après la mort on a vû l'une ou l'autre de ces parties gangrénées. Les ventricules étoient remplis d'alimens non digérés, ces alimens étoient si desséchés & si compacts qu'on ne les divisoit qu'avec beaubeaucoup de peine. Les vaisseaux, qui tapissent la membrane des estomacs & des intestins, étoient marqués de taches noirâtres & livides qui indiquoient évidemment la gangrene. En certains sujets le foie & la rate étoient couverts de petites tumeurs si dures qu'on ne pouvoit les écraser & qu'elles sembloient au toucher des grains de menu sable; le reste de la substance de ces visceres étoit au contraire si mollasse qu'on la pénétroit sans effort en la pressant. Quelques cadavres n'ont fourni aucun indice de maladie. Le sang qu'on a tiré des animaux étoit d'un rouge clair & déceloit en écumant & en fumant une grande inflammation, mais après qu'il étoit

» refroidi, on n'y trouvoit plus rien de liquide ; « tout n'étoit plus qu'une masse coëneuse qui » pouvoit être tranchée comme une gelée.

(10.) La Société s'empressera de payer ici à M. Borel, Lieutenant-Général de Beauvais, Directeur du Bureau d'Agriculture de la même Ville, le tribut d'éloges justement dû au zele qu'il témoigna lors de ce malheureux événement. Il parcourut lui-même nombre de Villages & de Hameaux infectés pour prendre tous les éclaircissemens possibles sur les symptômes de la maladie, & il les décrivit ensuite avec une clarté & une précision qui n'appartiennent qu'aux hommes qui sçavent voir & juger.

Le mal se manifestoit par le dégoût & la tristesse de l'animal. Quelques-uns l'avoient apperçu vingt-quatre heures avant l'éruption, les plus attentifs, deux ou trois jours plutôt ; le plus grand nombre après l'éruption commencée. Le dégoût étoit proportionné au dégré de la maladie, les moutons les moins gravement attaqués continuoient à manger ; les plus malades ne mangeoient rien d'eux-mêmes, on les soutenoit comme on pouvoit, ils étoient tous très-altérés, & on leur donnoit à tous de l'eau. Dès qu'ils étoient atteints du mal ils cessoient de ruminer ; leurs yeux étoient chargés, enflés, larmoyans, ils devenoient très-obscurs, souvent les deux paupieres se colloient l'une à l'autre, le malade ne voyoit plus ; plusieurs de ceux qui avoient été guéris avoient perdu un œil, quelques autres étoient aveugles : M. Borel en vit de ces derniers dont la prunelle étoit tombée en pourriture. Il ne restoit plus de traces d'humeurs, de muscles, de membrane dans la capacité de l'orbite. Ils jettoient par les naseaux

ſeaux une morve épaiſſe, tenace, de couleur de pus, le plus ſouvent blanche, rarement jaune. Les forces leur manquant pour ſuivre le troupeau, ils s'abbatoient & reſtoient au lieu où ils étoient, pour ainſi dire, tombés. Leurs oreilles étoient très-froides, cependant cette circonſtance n'étoit pas générale. Nulle agitation; ils reſtoient en place ramaſſés dans le moindre volume poſſible, abſorbés, la tête panchée vers la terre autant qu'elle peut l'être, la queue entre les jambes, les parties poſtérieures rapprochées des antérieures ſans paroître ſouffrir de tranchées. Ils étoient oppreſſés en proportion du mal. Quand ils en étoient atteints juſqu'à la mort, ils ſe plaignoient pendant les dernieres vingt-quatre heures, les flancs leur battoient; s'ils guériſſoient, leur laine tomboit aux places où il y avoit eu éruption; leur déjections étoient à peu-près les mêmes qu'en ſanté, plus ſéches encore & plus en crottes noires que dans l'état naturel. Les boutons étoient exactement des boutons de petite vérole. Il y en avoit de pluſieurs formes & de pluſieurs couleurs; M. Borel en vit de parfaitement ronds, les uns diſcrets, les autres concrets; ceux-ci étoient elliptiques, ceux-là avoient la forme de petits haricots plats & oblongs; tous étoient d'abord rouges, mais enſuite les uns blanchiſſoient, ſe crevoient, purgeoient & ſéchoient; (ils étoient d'une bonne eſpece) d'autres devenoient violets, s'amortiſſoient ſans ſuppurer & noirciſſoient. Quelques-uns n'avoient pas le tems de mûrir, l'animal mourant dès le troiſiéme jour de l'éruption, & l'on ne trouvoit dans ces boutons qu'une matiere blanche & ſolide comme de la panne de cochon. Lorſque le venin de la maladie attaquoit la tête, l'animal étoit plus en danger & périssoit plus vîte. S'il en revenoit la maladie étoit plus longue. Les uns n'ont guéri qu'au bout de deux mois, d'autres au bout de six semaines, d'un mois, de quinze jours, &c. Il en mourut aussi à toutes ces époques. On avoit d'abord cru que les moutons nourris dans des pâturages humides étoient plutôt attaqués que les moutons nourris dans les pâturages secs, mais on vit depuis les moutons des plaines aussi-tôt attaqués que ceux des vallées. Le mal étoit presqu'aussi général que la petite vérole dans les années où elle est épidémique; comme elle, il se montroit l'hyver comme l'été; la communication eut lieu en plusieurs endroits sans fréquentation des moutons malades; dans d'autres elle parût être l'effet de la fréquentation, ou du moins de l'aproximation de deux troupeaux dont l'un étoit infecté. Enfin l'éruption qui n'occupoit pas la tête paroissoit sous les aisselles, sous les cuisses, au ventre, aux jambes, à l'anus. Dans le nombre des moutons attaqués, il y en eut qui le furent légerement: ce n'étoit, disoient les Paysans mêmes, qu'une petite vérole volante; quelques-uns n'eurent des boutons qu'aux jambes, d'autres aux oreilles seulement. On en a vû n'en avoir qu'un grain de la grandeur d'un écu de six livres. Un de ces grains unique se plaça sur l'oreille d'un mouton à une lieue de Beauvais, & maltraita tellement cette partie qu'elle en est restée de travers & retroussée. Un autre n'en eut qu'à un pied, l'ongle tomba, & il en a été estropié pour toujours. M. Borel observe encore que quand un troupeau étoit attaqué, il y en avoit au moins une moitié ou deux tiers qui étoient sérieusement malades : la tete leur enfloit, l'intérieur de la bouche étoit plein de boutons ; enfin on n'avoit tenté aucuns remedes dans la plûpart des villages, les Paysans étant persuadés qu'il n'y en a point, parce qu'ils n'en avoient pas vû administrer par leurs peres ; ce préjugé, dit M. Borel, est presqu'universel dans les campagnes, & sera toujours un obstacle à la perfection de toutes les parties de l'Agriculture. Quelques particuliers l'assûrerent seulement que l'air étoit plus avantageux aux moutons malades que la bergerie.

Ce Citoyen zélé ne s'en tînt pas à l'examen des symptômes de la maladie des animaux vivans, il chercha à en découvrir les effets dans les animaux morts. Une brebis étoit malade du jeudi, au moins ne s'en étoit-on apperçu que ce jour-là ; elle avoit encore été aux champs avec les autres le vendredi ; le samedi matin elle avoit été trouvée morte dans la bergerie. On l'apporta le même jour après midi à M. Borel. Elle avoit déjà des signes de putréfaction qui s'annonçoient à l'odorat par une fétidité assez grande, & aux yeux par la couleur livide & verdâtre qu'on remarquoit sur le col, sous les cuisses, sous les épaules & par la tuméfaction du bas-ventre qui renfermoit une très-grande quantité d'air infect. Cette brebis n'avoit pas de boutons à la tête ; cette partie en elle n'étoit point enflée. On n'en trouva que deux sur la langue & deux dessous ; dans ces mêmes endroits la peau se levoit comme elle se leve aux langues mises dans l'eau bouillante. En levant les paupieres, on voyoit que la cornée transparente étoit devenue terne, ou si épaisse qu'on n'appercevoit plus au travers l'iris & la prunelle que très-imparfaitement. L'un des yeux étoit plus terne que l'autre. Les boutons étoient en assez grand nombre sur le ventre, en dedans des cuisses & des épaules, autour du col & de la gorge ; ils se montroient comme des tumeurs, ou pustules blanches, rondes, plattes, de deux, de trois & de quatre lignes de diamètre. Elles n'intéressoient que le tégument & suivoient le mouvement qu'on leur donnoit. La matiere qui les formoit ne s'étoit pas encore fait de foyer comme aux pustules blanches de petite vérole. En les ouvrant, elles ressembloient à une tumeur graisseuse ; quelques-unes étoient excoriées dans le centre. On présuma qu'elles n'étoient devenues blanches que depuis la mort de la bête, & qu'auparavant elles étoient rouges, comme celles des autres bêtes pendant les premiers jours de l'éruption. Les naseaux étoient encore impregnés d'un reste d'humeur sanieuse, couleur de caffé, mais on ne pût juger de sa mucosité au bout de douze ou dix-huit heures de mort & de putréfaction commencée. Le bas-ventre ouvert, l'épiploon parut d'une couleur terne, blafarde, rougeâtre, la graisse en étoit cassante sans avoir la consistance qu'elle a dans les moutons sains égorgés. Le foie étoit de couleur verd-obscur ; cette couleur pénétroit d'une bonne ligne plus ou moins en certains endroits dans la substance, & cette espece d'écorce étoit cassante comme du foie un peu cuit. La vésicule du fiel paroissoit flasque & avoir contenu plus de bile que dans l'état naturel, & une bile plus liquide. La membrane interne lâche & plissée du premier ventricule, étoit de couleur verte & parsemée d'une prodigieuse quantité de pustules blanches, lenticulaires & de même nature que celles qui étoient ſur la peau, mais d'un diamétre plus petit. Ce premier ventricule contenoit des matieres liquides & vertes en petite quantité. Le ventricule feuilleté renfermoit auſſi peu de matieres; le troiſiéme étoit très-plein d'alimens aſſez-bien broyés, auſſi verds que l'herbe dont ils étoient le produit; cette même poche étoit auſſi très-gonflée par un air fort raréfié & infect. Les inteſtins grêles étoient preſque vuides. On trouva dans le colon & dans le cœcum des excrémens d'une moyenne conſiſtance. Les reins étoient attaqués comme le foie, verds & ſecs extérieurement. La veſſie contenoit peu d'urine. Les poulmons étoient flaſques, d'un rouge obſcur & livide. On y remarquoit quelques petites tumeurs ſemblables à celles de l'extérieur, mais rondes & plus épaiſſes. Le cœur paroiſſoit d'un volume plus gros qu'il ne l'eſt dans l'état naturel. Le ventricule droit de ce viſcere contenoit un ſang très-noir; un caillot de ce ſang tiré de la veine-cave inférieure étoit noir à ſa partie ſupérieure la plus voiſine du cœur, mais à ſa partie inférieure du côté du foie, il étoit jaune & ſemblable à la coëne qui couvre le ſang des pleurétiques. On n'ouvrit point la tête de cette brebis, tant à cauſe de ſon état de putréfaction, que parce que le ſiége de cette maladie n'avoit pas paru porté dans cette partie, & que d'ailleurs elle avoit duré trop peu de jours pour croire qu'il s'y fût formé un dépôt. En général, dit M. Borel, il paroît que le ſang avoit été fort enflammé. Si un enfant fût mort à la même époque d'une maladie & avec les mêmes ſymptômes, on auroit jugé qu'il étoit mort d'une petite vérole rentrée. La ressemblance du claveau avec la petite vérole des hommes est frappante, soit qu'on l'examine dans ses commencemens & dans ses progrès, soit qu'on en examine les effets & les suites même dans les bêtes qui en guérissent. On en a vû plusieurs de ces dernieres dont la peau de la tête, surtout près des lévres, restoit gravée & coûturée comme le visage d'un homme qui a eu la petite vérole la plus maligne.

Il eût été à souhaiter que les occupations de M. Borel lui eussent permis de suivre aussi exactement les effets des remedes qui furent alors indiqués par un des Membres actuels de la Société, & de se livrer aux essais qui lui furent proposés dans le tems. Voici l'extrait des questions qui lui furent faites.

1°. Les vieux moutons sont-ils plus sujets au claveau que ceux qui sont jeunes? Le claveau est-il plutôt en eux d'une espece confluente ou maligne, & par conséquent d'un danger plus éminent? M. Borel a répondu qu'aucuns Laboureurs n'avoient remarqué jusqu'ici de différence entre les vieilles bêtes & les jeunes, quant aux divers degrés du mal, quant à la malignité & autres symptômes. Il peut néanmoins se faire qu'ils n'en ayent pas apperçu, parce qu'ils n'ont pas observé, & la Société pense qu'il seroit important d'approfondir ce point.

2°. Les agneaux sont-ils atteints de ce mal? Est-il plus communément dans ces jeunes animaux d'une espece discrete ou bénigne? Leurs déjections, dans quelqu'un des deux genres que ce soit, tiennent-elles de la diarrhée? Sont-ils atteints d'un flux par les naseaux dans le genre confluent? Ce flux précede-t'il ou accompagne-t'il l'éruption?

3°. Les moutons adultes sont-ils plus en péril que les agneaux, lorsqu'ils sont affectés du claveau?

4°. Quel est précisément le moment, quel est aussi le terme de l'éruption dans l'un & dans l'autre genre? Varient-ils selon ces mêmes genres & suivant l'âge des animaux?

5°. Après cette même éruption, les symptomes paroissent-ils calmés dans le genre discret? Semblent-ils plus graves & augmenter dans le genre confluent?

6°. Un mouton guéri du claveau de l'une ou de l'autre espece, est-il attaqué une seconde fois ou plusieurs autres fois de ce mal? *Na.* Les Laboureurs du Beauvaisis ont assuré M. Borel qu'ils n'avoient jamais vû le même mouton attaqué deux fois du claveau.

7°. Ne pourroit-on pas tenter l'inoculation sur un mouton sain ou sur un agneau intact qu'on auroit préparé? Quelle seroit l'issue de cette expérience faite avec toutes les précautions possibles dans la crainte de répandre la contagion?

8°. Cette même opération pratiquée sur un mouton guéri du claveau naturel, le virus variolique auroit-il encore prise sur lui?

9°. En le pratiquant de nouveau sur un mouton ou sur un agneau inoculé & guéri, porteroit-il encore le trouble dans la masse?

10°. Quelle seroit la suite de l'insertion d'un ou de plusieurs grains varioliques sur des ânes, des mulets, des chevaux, des bœufs, des chiens, en un mot, sur des animaux de genres différens?

11°. Quels en seroient les effets, en pratiquant l'insertion sur un genre plus rapproché en apparence de celui du mouton ?

12°. Quels seroient ceux de l'insertion du virus variolique humain sur les moutons & autres animaux ?

13°. Inoculez la matiere d'un claveau discret à des moutons bien préparés & de tous les âges, insérez la matiere du claveau confluent à quelques-uns d'eux, le virus varioleux agira-t'il avec confluence ?

14°. Inoculez des moutons après les remedes prèparatoires avec la matiere d'un claveau discret; insérez à quelques-uns de ces animaux préparés la matiere d'un claveau confluent, quel en sera le produit ?

15°. Préparez quelques moutons, comme si on vouloit leur pratiquer l'insertion ? Exposez-les ensuite au danger de la communication du claveau naturel, contracteront-ils la maladie, & de quel genre sera-t'elle ?

16°. Exposez un mouton guéri après l'insertion du levain au milieu de plusieurs moutons atteints du claveau naturel, en sera-t'il attaqué lui-même ?

17°. L'insertion n'ayant aucune prise sur quelques moutons, exposez-les au coup du claveau naturel, la communication aura-t'elle lieu ?

18°. Dans le claveau artificiel, la violence de la maladie sera-t'elle toujours en raison de la promptitude avec laquelle la fievre se montrera, & ce fait arrive-t'il dans le claveau naturel ?

19°. Le ferment varioleux du claveau artificiel agira-t'il comme le ferment varioleux du claveau naturel ?

20°. Enfin ne feroit-il pas possible de comparer, dans certains cantons, le nombre des animaux morts du claveau naturel avec le nombre des animaux morts du claveau artificiel ; quel est celui qui excéderoit, & quelle en feroit la différence ?

La Société verroit avec la plus grande satisfaction les résultats de toutes ces expériences qu'on ne peut faire avec trop de prudence dans la crainte de répandre au loin la maladie. Le lieu où l'on opéreroit devroit donc être à l'abri de toute communication, & les moutons qu'on auroit traités ne rejoindre le troupeau que lorsqu'on jugeroit qu'ils ne peuvent y porter des corpuscules varioleux capables de l'infecter entiérement. Au surplus, il est aisé de comprendre que ces mêmes expériences ne pourroient être bien faites, bien suivies & bien raisonnées que dans une Ecole vétérinaire, & sous les yeux d'hommes instruits, & il faut espérer que l'importance de la maladie & l'utilité que la médecine humaine pourroit en retirer, détermineront quelques jours les Chefs de ces Ecoles à s'y livrer.

(11.) Il est certain qu'on ne peut chercher que dans les choses dont l'usage est le plus ordinaire & le plus universel, les causes des maladies épidémiques & épisootiques. De tout tems l'air a été placé par conséquent, & avec raison, au rang de ces causes. Il nuit, dit M. le Clerc, dans un ouvrage malheureusement encore trop peu répandu, méchaniquement & physiquement ; méchaniquement, par son poids trop considérable ou trop foible, & par son impétuosité ; physiquement, par son trop de chaleur, de sécheresse, de froideur & d'humidité ; mais si ce fluide délié se trouve chargé de substances vraiment pernicieuses, il les porte & les transmet bientôt dans l'intérieur des corps, & de-là l'origine de maladies graves, dangereuses, contagieuses, telles que les fiévres pestilentielles, malignes, &c. Nous ne nions pas que cette transmission funeste puisse s'opérer en partie par la voie des pores de la peau, mais nous croyons qu'elle a principalement lieu par celles de la bouche & des narines, aussi les premiers effets d'un venin quelconque, reçu par contagion, se manifestent-ils toujours sur la tête ou sur le ventricule, & souvent sur ces deux visceres à la fois. Hoffman a été convaincu que les fermens morbifiques se mêlent au sang plutôt par le moyen de la salive que par tout autre. Cette liqueur, soit qu'on l'avale continuellement, soit dans les tems qu'on prend des alimens, porte les fermens dans le ventricule, dans les intestins, où elle sollicite aisément dans les liqueurs très-corruptibles & fermentatives que versent en quantité dans ces parties les glandes du ventricule, des intestins grêles, le pancréas, les canaux biliaires, un mouvement de fermentation & de corruption, pareil à celui qui lui a été imprimé. Si, continue ce Médecin célebre, le venin pénétroit par les pores, il feroit dans un mouvement continuel, & exposé au jeu d'une transpiration constante, ce qui feroit croire que ni la pourriture, ni la corruption, ni les exhalaisons malignes ne pourroient s'y arrêter long-tems, au lieu que trouvant dans les premieres voies des liqueurs dans une parfaite stagnation & fermentatives de leur nature, il s'y allie, s'y attache, il leur communique son caractere pernicieux, & devient en état d'exercer sa fureur avec beaucoup plus de violence que s'il agissoit seul & par lui-même.

(12.) Des bœufs sains placés dans la même écurie où étoient des chevaux morveux n'ont nullement contractés la morve. Ces mêmes bœufs ayant dans leur étable des moutons attaqués du claveau n'ont point participés de cette maladie, non-plus que les chevaux sains qui y ont séjournés avec eux, & des moutons sains n'ont eu ni la morve ni le farcin, ni les maladies putrides & inflammatoires qu'ont eues les bœufs avec lesquels ils ont été établés.

(13.) Ici l'Auteur du mémoire laisse entrevoir une question qui sera long-tems insoluble. Pourquoi les animaux ne sont-ils pas malades lorsque la constitution de l'air affecte les hommes & paroît très-propre à leur nuire, & pourquoi la mort ravage-t'elle des troupeaux entiers, au moment même où la santé des hommes ne reçoit pas la plus légere atteinte ? Il faudroit, pour découvrir des causes aussi obscures pour nous, y être conduits par des connoissances, qui vraisemblablement nous seront éternellement cachées, c'est-à-dire par celles, 1°. De l'origine, de la nature & des caracteres des exhalaisons vicieuses les plus subtiles, quelque soient leur variétés inexplicables ; 2°. De la différente proportion de leur mélange avec l'air quelleque soit sa température, sa disposition, & même ses qualités inappercevables à nos sens; 3°. Il faudroit être instruit de la force & de la forme même des particules morbifiques dont il est chargé, du dégré de leur action sur les différens sujets & même sur les différentes parties de ces sujets, comme du dégré de réaction de ces mêmes sujets ou de leurs parties sur ces particules, & pour lors on pourroit espérer d'obtenir une lueur, soit sur la question dont il s'agit, soit sur la raison de la non-communication d'une maladie contagieuse d'un animal d'une espece, à un animal d'un autre espece, phénomène observé, comme le dit très-bien l'Auteur du Mémoire, par le Prince de la Médecine, car telle maladie épisootique regne sur les chevaux qui ne regne ni sur les moutons, ni sur les bœufs; telle autre regne sur les bœufs qui ne s'étend ni sur les moutons, ni sur les chevaux; telle autre affecte les moutons, qui n'attaque ni les chevaux, ni les bœufs. Dans les uns & les autres de ces derniers cas, la cause est-elle dans l'air ou dans les alimens? On doit sentir l'embarras d'expliquer comment des causes aussi essentiellement communes aux uns & aux autres de ces animaux ne produisent pas en eux les mêmes effets, & la découverte de ce point n'est pas assurément moins difficile que celle de la raison pour laquelle des plantes bonnes & salutaires à certains animaux herbivores & ruminans, nuisent absolument à d'autres animaux herbivores & ruminans comme eux.

(14.) L'Auteur adopte ici le sentiment de M. Tillet, de Lewenhoek dans sa Lettre 109, à van Leeweeu, & de M. du Hamel. *Voy. les Elémens d'Agriculture, tom. I. lib. 3. ch. II. art. I.* Le Comte Francesco Ginnani dans son Ouvrage qui a pour titre *delle Mallatie del grano in herba. Chap. 5. 2e Partie*, n'attribue point cette peste des végétaux à l'extravasation des sucs nourriciers, mais à un développement de semences vermineuses. Il a vu, dit-il, des vers nichés entre les deux épidermes des feuilles. Plenciz, dans ſon Ouvrage cité (note 8) s'étend fort au long ſur les cauſes de la rouille. Les Naturaliſtes ont fait, ſelon lui, les plus grands efforts pour en connoître la nature. Quelles que ſoient les ténebres qui nous la dérobent, preſque tous conviennent que cette maladie provient d'un vice de la roſée, mais les uns en accuſent un ſel âcre alkali, d'autre un ſel acide ſtygieux. Ils propoſent de répandre ſur les feuilles vertes, pour prouver leur ſyſtême, un ſel alkali fixe ou volatil, ou de les arroſer avec des eaux ſtygiées de vitriol ou de nitre, & ils ſoutiennent que les taches de rouille ſe montreront bientôt; mais ces expériences que Plenciz a fait cent fois n'ont eu d'autre ſuite que de rider & de rendre opaques les feuilles & les fibrilles ſur leſquelles il a pratiqué ces eſſais. Il avance que cette maladie ſe répand ordinairement ſur les végétaux dans les tems ſereins & tempérés, où regne plus ou moins de chaleur, & qu'elle les attaque ſouvent après des pluies tombées d'un ciel preſque ſans nuages; c'eſt ce qu'on éprouva, dit-il, en Autriche dans l'année 1751, & ce qu'on obſerva le 31 Mars & le 31 Juin 1759, il ne ceſſa de pleuvoir ces deux jours malgré la ſérénité du ciel, auſſi la rouille s'attacha-t'elle à preſque tous les végétaux dans la premiere époque, & le froment qu'on recueillit en 1759 en fut-il cruellement endommagé. Il atteſte *les nouvelles découvertes microſcopiques de Needham, les Obſervations de Mercurialis, les Actes des Erud. de Leipſick, année 1718, pag. 314*, pour démontrer que ce qu'on appelle véritablement *la rouille*, dépend de certaines ſemences vermineuſes qui, répandues ſur les végétaux, les pénetrent, s'y développent, &

s'y multiplient dans la suite. Quoi qu'il en soit de cette opinion, il souscrit à celle que l'on a, & qu'on doit généralement avoir, des effets des alimens gâtés & corrompus, & qui sont aussi pernicieux aux animaux qu'aux hommes. Le seigle rouillé ou ergoté cause à ceux-ci des maladies graves, & aux cochons, ainsi qu'aux oyes, des ulceres intérieurs & extérieurs. *Voy. Commentarium de rebus in Medicorum gestis. Vol. 6. pag. 508.* & c'est au vice dont il s'agit ici que Plenciz attribue principalement la contagion qui depuis long-tems dépeuple l'Europe de bestiaux. Le levain développé dans un ou deux animaux, se propage & se multiplie dans ceux qui se trouvent disposés par des nourritures nuisibles à en recevoir les funestes impressions, tel est le moyen par lequel il se répand & se communique insensiblement d'une région dans les contrées les plus éloignées.

(15.) Qui croiroit qu'Aristote ait eu si peu d'idées des effets que produit l'eau dans le corps des hommes & des animaux, qu'il n'a pas craint d'avancer que l'eau chargée de beaucoup de particules hétérogenes, engraisse ceux-ci, parce que dès-lors, selon lui, les veines se remplissent davantage.

(16.) Il faut, dit Hoffman, dans l'Institution de la nature, trois parties de liquides contre une de solide. Non-seulement une boisson de l'espece de celle que prescrivoit Aristote, occasionne tous les désordres décrits ici, mais les animaux qui proportionnément à leur être boivent très-peu, peuvent en être les victimes au bout d'un certain tems. Si le sang n'est humecté, s'il peche par un défaut de liquidité, les liqueurs s'épaississent toujours davantage, les humeurs dans cet état, & acquierant sans cesse plus de viscosité, produisent infailliblement des engorgemens dans les tuyaux déliés qui forment le tissu des canaux excrétoires, & les obstructions qui en résultent, sont la source fatale & féconde d'une infinité de maladies.

(17.) Rien de plus industrieux que la marche indiquée par M. le Clerc dans son Ouvrage sur les maladies épidémiques qui ont désolé la Russie ; Ouvrage dont nous avons parlé (notte 11.) » Un mal inopiné se déclare tout-à-» coup par des symptômes & par des phéno-» mènes terribles, il se communique de proche » en proche. Les effets de ce mal, quelque » compliqués qu'ils puissent être, m'apprennent » le tems, l'ordre & le moyen de corriger le » vice d'une cause inconnue. La nature me » montre aussi par ses crises la voie par laquel-» le le mal veut être expulsé. De plus, je ré-» fléchis sur les qualités de l'air qui nous envi-» ronne, sur la situation des lieux, la différence » des terreins, le genre de vie des Habitans, » les maladies présentes des animaux, des végé-» taux, la proximité ou l'éloignement des mi-» nes, des marais, des eaux croupissantes, & » si je n'y trouve pas la source du mal, je rétro-» grade & je la cherche dans les causes éloi-« gnées. Je me raproche des saisons antérieu-» res à l'épidémie ; j'examine le tems, l'or-» dre, le cours, la durée, l'anticipation, les » changemens, la température, & enfin les » qualités mixtes ou excessives des saisons & » des vents qui ont dominé alors. Je réfléchis » ensuite sur la nature des maladies auxquelles » ces variations ont donné lieu ; je ne perds » point de vûe la dégénération de ces mêmes

» maladies. Si dans mes recherches je trouve en» fin une ou plusieurs causes capables de produire » le mal qui m'étoit inconnu, je rapproche » les effets du mal du pouvoir de la cause, & » après les avoir confrontés, je conclus d'après » la ressemblance ou l'analogie. Les vents du » sud ou du midi ont-ils régnés long-tems ? Je » dis que la nature de ces vents est pestilentielle, » elle peut donc produire des fiévres pestilen» tielles. Les qualités mixtes ou excessives des » saisons, la chaleur & l'humidité combinées » ensemble ont-elles donné lieu à la maladie ? » Leurs effets bien connus, m'indiquent l'état » des fluides & des solides pendant & après une » pareille constitution d'air, c'est ainsi qu'on » peut analyser toutes les causes. Le mal étant » reconnu (autant qu'il peut l'être humaine» ment) je tire mon indication, Je munis le » corps infecté contre la nature du venin pré» sent, en lui faisant prendre de préféren» ce les remedes qu'on a employés avec le plus » de succès dans les maladies caractérisées par » de pareils effets ; tel est le moyen de par» venir à la connoissance d'un venin dont la » nature ne se manifeste point assez à nos sens. » L'intempérie d'une saison me donne-t'elle » lieu de présumer qu'elle est la cause efficiente » d'une maladie quelconque ? Je recours sur le » champ aux hydroscopes & aux engyscopes. » Les premiers me font connoître l'état actuel » de l'air : les seconds m'orientent sur la na» ture particuliere des sels en fusion répandus » dans l'atmosphere. *Voy. les Expériences phys. de Poliniere, Tom. 2. pag. 306 & suiv.* » J'ex» pose encore à l'air tous les corps que les sels » de l'atmosphere peuvent altérer comme les

» soies

» soies teintes de couleurs particulieres qui se-
» ront ternies par les sels nitreux, sulphureux,
» & noircies par les vitrioliques. J'observe de
» plus les altérations que les vapeurs de la rosée
» produisent sur le linge blanc avant d'avoir
» passé par la lessive & le savon. &c.« Que de précautions, que de sagesse, que de prudence, quel art dans une pareille maniere d'examiner, de rechercher & d'agir! mais il ne faut rien moins que la force & le courage de dévorer les ennuis & les difficultés de l'observation pour percer l'obscurité des causes abstraites & cachées.

(18.) Un des plus grands & des plus ordinaires effets des maladies épisootiques contagieuses, est la corruption interne & le sphacele des viscéres; autant il est rare en eux relativement aux parties extérieures, autant celui des parties internes est commun. L'ouverture subite & prompte des cadavres en offre une preuve sans réplique.

(19.) Sur la fin de l'année 1762, une maladie formidable attaqua les bestiaux de la Paroisse de Mezieux, Province de Dauphiné. Les bœufs & les vaches en furent principalement frappés; il n'y eut qu'un très-petit nombre de chevaux & de mulets qui en furent atteints.

Le refus de toute espece d'alimens solides & même liquides, une tête appesantie, des oreilles basses, des yeux larmoyans, un poil terne, une constipation décidée, une enflure douloureuse aux environs de la ganache & le long du col, un pouls plutôt concentré que fréquent, un flux d'une humeur écumeuse par la bouche & par les naseaux de quelques-uns, furent les signes qui se montroient en vingt-quatre heures, & qui subsistoient l'espace de deux, trois & quatre jours, au bout desquels un grand battement de flanc, & la foiblesse des malades annonçoient une mort inévitable & prompte.

Des saignées pratiquées aux oreilles, des cordiaux, des breuvages administrés comme purgatifs, sans néanmoins contenir aucuns mixtes & aucunes substances capables de produire de tels effets, furent constamment, mais inutilement, mis en usage par des Maréchaux & des Paysans. Les progrès du mal & ses ravages engagerent donc le Cultivateur malheureux & sur le point d'une ruine entiere, à demander les secours dont il sentit qu'il avoit besoin. Des yeux plus éclairés chercherent dans le corps des animaux, ce que l'ignorance & des hommes grossiers étoient incapables d'y découvrir. Un premier dégré de putréfaction se manifestoit assez généralement dans l'arriere-bouche, dans tous les muscles du pharynx & du larynx, dans le tissu cellulaire qui les entourre ou les sépare, dans l'œsophage, dans la trachée-artere, par une lividité réelle & par plus ou moins d'engorgement. Dans quelques cadavres l'épiploon étoit affecté, dans d'autres quelques-uns des intestins. Dans ceux-ci la rate avoit été fortement engorgée, dans ceux-là ni le foie, ni les poulmons n'étoient dans un état naturel, & dans tous, la digestion étoit dépravée, comme elle l'est ordinairement dans les cas de maladies graves, car la panse étoit remplie d'un fourrage dont ils s'étoient alimentés avant que le mal se fût déclaré en eux. La couleur rouge, brune & quelquefois noire, le gonflement, la consistance molle des parties de la gorge dans le plus grand nombre des malades étoient les suites d'une inflammation violente, non phlegmoneuse ou éréſipélateuſe qui auroit excité plus de fiévre, & qui d'ailleurs ſe ſeroit annoncée par une douleur plus marquée & autrement que par la lividité, mais d'une inflammation ſourde, d'un engorgement produit par la ſtupeur des parties, tel en un mot qu'on l'obſerve dans les circonſtances de malignité, & qu'on l'obſerva en même-tems dans la ville de Macon, où une eſquinancie gangreneuſe enleva rapidement un nombre prodigieux de perſonnes. Ce même engorgement s'étendoit ſouvent à toutes les glandes de la ganache & de l'encolure, ce qui formoit des tumeurs conſidérables au dehors, qui dans pluſieurs animaux parvinrent à ſuppuration ou ſpontanément ou par les ſecours de l'art. Il y en eut dont la gorge ne fut point dans un état auſſi facheux; des tumeurs ſurvenoient indiſtinctement dans toutes les parties de leurs corps, mais on ne les regarda pas moins comme des dépôts critiques & comme des accidens d'une maladie qui avoit la même cauſe & le même caractere; & en effet le même traitement, à la différence près de la méthode curative particuliere qu'exigerent ces dépôts, de ſoixante-deux malades en ſauva cinquante-trois, tandis que de quarante-neuf qui avoient été entrepris par des voies que ſuggere une routine aveugle, il n'y en eut pas un qui échappa à la fureur du fléau.

L'été avoit été très-vif, la ſécheresſe étoit extrême. Les ſeuls pâturages où l'on pouvoit conduire les beſtiaux étoient aux environs d'une mare ou d'un endroit bourbeux, contenant une eau infecte & croupiſſante. Le lieu le plus voiſin de celui-ci étoit un gravier échauffé par l'ardeur du ſoleil, & formoit, pour les animaux qui y étoient la plus grande partie de la journée, un séjour vraiment brûlant; ainsi l'excessive chaleur, la mauvaise nature de l'herbe, & plus encore, les mauvaises eaux furent les causes premieres du mal. D'une part les humeurs étant considérablement échauffées & raréfiées, il y eut nécessairement une très-grande déperdition de la portion la plus fluide & la plus subtile du sang; de l'autre des alimens pernicieux & des eaux corrompues augmenterent la disposition à la putridité. L'arriere-bouche, le larynx & le pharynx offrant un passage continuel à un air très-chaud, & l'humeur mucilagineuse qui lubrefie ces parties étant moindre, puisque le sang en étoit en quelque façon dénué, & que d'ailleurs les cryptes qui la fournissent devoient être nécessairement desséchées, elles devenoient très-susceptibles d'inflammation; si l'on ajoûte à cette circonstance la dépravation des humeurs à raison d'une nourriture & d'une boisson, pour ainsi dire, venimeuse, on ne sera pas surpris de la dégénération de cette inflammation de la gorge en une esquinancie vraiment gangréneuse. A l'égard des animaux en qui elle n'a jamais été aussi vive, qui ne périssoient pas aussi promptement que les autres, & sur le corps desquels il survenoit indistinctement des tumeurs toujours peu douloureuses & se prétant la plûpart difficilement à une bonne suppuration, on a dû voir en eux les résultats des mêmes causes, ou plutôt de cette même dépravation, par le moins de subtilité des humeurs & par leur aptitude à la concrétion & à des stases dans des canaux privés de leur élasticité ordinaire.

Quoi qu'il en soit, s'il étoit impossible de détruire une cause qui résidoit dans l'intempérie de la saison, il falloit du moins rendre ses effets moins nuisibles, remédier à la perversion que les humeurs avoient soufferte, appaiser l'inflammation de la gorge, exciter dans ces parties, eu égard à certains animaux, la séparation du mort d'avec le vif, & dissiper dans quelques autres les tumeurs dures & plus ou moins volumineuses qui paroissoient indifféremment sur la surface de leur corps.

On s'occupa d'abord du soin le plus important, & le premier qu'on doive toujours se proposer dans ces fatales conjonctures, c'est-à-dire, de celui d'interdire toute communication des bestiaux sains & des bestiaux malades. Le moyen le plus assuré d'éviter la contagion est en effet de la fuir. Les bêtes qui y avoient jusqu'alors échappé furent donc conduites hors des étables infectées, après avoir été fortement bouchonnées avec des bouchons de paille exposés auparavant à la fumée du thym, du romarin, de la sauge & d'autres plantes aromatiques, sur lesquelles on avoit jetté une légere quantité de vinaigre pendant qu'elles étoient enflammées. Les écuries, dans lesquelles on les plaça, furent nettoyées de tout le fumier qu'elles contenoient, & parfumées avec des baies de geniévre & de laurier écrasées & macérées dans du vinaigre de vin que l'on fit brûler sur des charbons ardens; d'autres le furent par la seule évaporation du même vinaigre. On circonscrivit ensuite, pour ainsi dire, la maladie pour la renfermer en quelque sorte dans le lieu où malheureusement elle régnoit, & pour en borner les progrès. Ce qui avoit été pratiqué relativement à ces premiers animaux, le fut relativement à ceux qui habitoient les confins du village; tous furent encore saignés à la jugulaire

& au moyen de cette évacuation, de la boisson ordinaire que l'on eut la précaution d'aciduler légerement, & de l'attention que l'on eut de diminuer la quantité de nourriture, de ne pas envoyer trop-tôt les animaux aux pâturages, de ne pas les y laisser trop tard à la chaleur ou au moment de la nuit, enfin de les faire abreuver insensiblement plutôt de l'eau du rhône que de celle de la mare dont on a parlé, on compta plus de trois cens bœufs ou vaches qui furent constamment préservés des atteintes d'un venin qui n'outrepassa pas les limites qu'on venoit de lui prescrire. Ces opérations faites, on en vint aux animaux infectés. On usa des mêmes parfums dans les étables qui furent également & soigneusement appropriées. La nécessité d'y renouveller l'air parut indispensable. Par un défaut d'action & d'agitation, il s'altere & se corrompt bientôt de lui-même comme l'eau, le sang & les humeurs ; or dans des étables trop communément mal construites, basses & peu aërées, la fréquente respiration & l'augmentation de la transpiration animale lui fait perdre une portion de son principe vital, c'est-à-dire de son élasticité, il croupit, en quelque façon, & les parties putrides qui s'exhalent des corps malades & qui ne peuvent se dissiper aisément, accélerent & multiplient incontestablement les causes & les effets de la corruption. Plusieurs de ces animaux furent saignés à la jugulaire, mais une seule fois seulement, & dès les premiers momens de la maladie. On n'eut garde d'opérer cette évacuation dans ceux en qui les signes de putridité étoient apparens. L'eau blanchie par le son leur fut offerte pour toute nourriture ; elle se fait ainsi :

Prenez Son de froment, une jointée.

Trempez les deux mains dans un ſeau plein d'eau, tenant toujours le ſon. Imbibez-le de cette eau. Comprimez-le à diverſes repriſes & laiſſez tomber dans le même ſeau l'eau blanche que vous en retirerez. Trempez & preſſez de nouveau, juſqu'à ce que l'eau que vous exprimerez ceſſe d'être colorée. Jettez alors la jointée de ſon dans l'eau, elle ira au fond. Reprenez-en de nouvelles différentes fois, ſelon la blancheur que vous voudrez communiquer à la boiſſon.

On ajoûta pour les uns dans celle-ci, & dans chaque ſeau, une once de cryſtal minéral; on l'acidula pour les autres comme on avoit acidulé celle des animaux ſains & à préſerver, le vinaigre étant de tous les acides végétaux celui qui diviſant & fondant le plus puiſſamment, eſt le plus contraire au mouvement inteſtin d'où réſulte la putréfaction, & par conſéquent le plus propre à affoiblir immédiatement la force vénéneuſe de la contagion.

Les lavemens rafraîchiſſans ne furent point oubliés. On en adminiſtroit deux par jour à chaque malade. Ils étoient compoſés avec feuilles de mauve, de pariétaire, de mercuriale, de chacune une poignée que l'on faiſoit bouillir dans cinq livres d'eau commune juſqu'à réduction d'un quart. On délayoit dans la colature deux onces de miel commun, & on y ajoûtoit huile d'olive deux onces, cryſtal minéral une once pour un lavement.

Les injections anti-putrides que l'on pouſſoit deux & même trois fois le jour dans les naſeaux & dans la bouche, étoient une décoction de plantain, de ronce, d'aigremoine. On prenoit une poignée de feuilles de chacune de ces plantes, on la faisoit bouillir pendant demi-heure dans quatre livres d'eau commune; on jettoit dans la colature deux dragmes de sel ammoniac, & quelquefois au lieu de ce sel, on y mêloit deux onces d'oxymel scillitique. On comprend que la portion de cette liqueur qui étoit lancée dans les naseaux, abreuvoit & humectoit les parties de l'arriere-bouche, qui dans la plûpart des animaux étoient celles qui se trouvoient le plus véritablement endommagées. On fit encore humer de tems en tems à ceux-ci l'esprit volatil de sel ammoniac, & sans doute que les émanations pénétrant jusqu'aux parties vives en solliciterent le jeu, & exciterent en elles une action, à la faveur de laquelle des filandres blanchâtres, qui vraisemblablement n'étoient que des exfoliations membraneuses, s'échapperent & furent détachées entierement.

On accéléra autant qu'il fût possible la suppuration des dépôts formés à l'extérieur; le cataplasme maturatif que l'on employa fut le levain mêlé avec un tiers de basilicum. Quand il parut insuffisant, on lui en substitua un autre fait avec six oignons de lys cuits sous la cendre, quatre onces de racines de lys blanc, & quatre poignées de feuilles d'oseille que l'on fit cuire dans quatre livres d'eau commune, & qu'on pila ensuite dans un mortier. On y mêla deux onces d'axonge de porc, & pareille quantité de miel commun, de vieux-oing & d'onguent basilicum; enfin, suivant les circonstances, on y ajoûta demi-once de Galbanum dissous dans le vin, & une égale dose de gomme ammoniac pulvérisée. Dès qu'on appercevoit de la fluctuation dans ces tumeurs, on les ouvroit avec le bistouri ou avec un bouton de feu, mais plus souvent avec le cautere actuel, qu'avec l'instrument tranchant, soit dans l'intention d'exciter une plus ample suppuration, soit dans la vue de procurer un changement plus subit dans la qualité pernicieuse des humeurs arrêtées. N'étoit-il pas possible de leur frayer un jour au-dehors? leur reflux dans la masse pouvant être funeste, on en prévenoit les ravages en purgeant au plutôt les malades que l'on disposoit à recevoir le breuvage par un ou deux lavemens purgatifs qui étoient les mêmes que celui que nous avons indiqué, mais dont on retranchoit le sel ammoniac, & auquel on ajoûtoit trois onces de catholicon. Le breuvage étoit composé d'une once de feuilles de séné que l'on faisoit infuser l'espace de trois heures dans une livre d'eau commune bouillante; on couloit, & l'on jettoit dans cette infusion une once d'aloës succotrin concassé que l'on faisoit infuser pendant la nuit sur la cendre chaude, & que l'on donnoit tiéde avec la corne, le matin à l'animal. Ce même breuvage leur fut réïtéré selon le besoin, & termina enfin la cure des uns & des autres, qui à mesure de la disparution des symptômes furent rappellés insensiblement à une nourriture ordinaire, mais composée de fourrages plus sains & mieux choisis.

Une des maladies qui a fait le plus de ravage, est celle qui, en l'année 1763, désola les bestiaux du Pays Brouageais, Election de Marennes, Généralité de la Rochelle. Le détail circonstancié qui en a été fait par M. Nicolau, Docteur en Médecine, le 11 Septembre 1763, est trop instructif pour que nous l'omettions ici.

» Les Paroiſſes, où la maladie des beſtiaux
» exerçe ſa fureur, ſont ſituées aux environs d'un
» terrein bas de l'étendue de près de trois lieues.
» Il formoit autrefois une vaſte & belle ſaline,
» où la mer s'introduiſoit au moyen d'un canal,
» nommé *le Havre de Brouage*, lequel n'exiſte plus
» que depuis ſon embouchure juſques devant
» la Ville de Brouage, qui eſt auſſi ſur le bord
» de ce terrein. Le Havre de Brouage s'étant
» comblé peu à peu, & la mer par conſéquent
» ne fourniſſant plus ſes eaux dans les marais où
» on les ramaſſoit pour faire le ſel, le ſol eſt de-
» meuré entrecoupé, inégal, rempli d'enfonce-
» mens qui conſervent encore les noms de
» jars, de conches, champs, d'aiſe, &c. qu'ils
» avoient étant marais ſalans, & de terres éle-
» vées, nommées *boſſes*, qui ſont des rejets du
» fonds creuſé pour la conſtruction des marais.
» Une partie de ces enfoncemens, par le laps
» de tems, ſe ſont comblés imparfaitement;
» d'autres exiſtent encore preſque dans leur en-
» tier. Tous, dans les tems pluvieux, ſur-tout
» en hiver, ſont garnis par les eaux pluviales
» qui, n'ayant aucune iſſue, y croupiſſent juſ-
» qu'à ce que l'air & la chaleur du ſoleil de l'été
» les aient fait évaporer. Les plus profonds
» qui ſe deſſechent rarement, forment autant
» de bourbiers remplis d'herbes aquatiques qui
» croiſſent dans une eau boueuſe, laquelle ſert
« cependant à abbreuver le bétail. Le tout pré-
» ſente une grande prairie graſſe & marécageuſe
» qui nourrit les bêtes deſtinées aux boucheries,
» aux voitures & à la culture des biens de cam-
» pagne du Pays Brouageais. Ce ſont ces trou-
» peaux conſidérables de jumens, de bœufs &
» de vaches, dont la mortalité excite les re-

„ grets, & cause en partie la misere de nos » Habitans.

» Les cloaques, dont je viens de parler, ré» pandent bien loin des exhalaisons fétides qui » infectent l'atmosphere, & rendent les Habi» tans à la fin de l'été sujets aux fiévres inter» mittentes, putrides & malignes. On sent une » puanteur dans l'air qui se manifeste sur-tout » dans les beaux jours au lever du soleil.

» Cette année les pluies ont été très-abon» dantes & presque continuelles durant le prin» tems & l'été. La fraîcheur de l'air s'est persé» véramment soutenue. La plus grande chaleur » n'a fait monter la liqueur du thermométre de » Reaumur, exposé dans une chambre donnant » sur le nord, qu'au 18 & 19e degrés. Nous » avons essuyé aussi le 3e de Juillet un ouragan » accompagné de grêle d'une grosseur prodi» gieuse qui a détruit dans plusieurs endroits » toute la récolte & endommagé les édifices. La » plûpart du gros bétail que la mortalité nous » enleve y fut exposé & l'essuya, mais les brebis » & les cochons, qui meurent également, en » étoient à l'abri; d'ailleurs la mortalité avoit „ commencé avant ce tems.

„ Les prairies ont fourni cette année un pâtu„ rage abondant, arrosé par les eaux pluviales, „ qui ont même empêché qu'on ne fit la récolte „ du foin, lequel a péri sans être fauché, ou a „ pourri après l'avoir été, parce que, d'un côté, „ la pluie, l'humidité de la terre & le défaut de „ chaleur n'ont pas permis de le faire secher; „ d'un autre côté, la terre trop molle ne pouvoit „ supporter le poids des voitures; Ceux qui ont „ tenté de l'en retirer, ont perdu leurs peines & „ leur tems. Les bestiaux ont demeuré exposés

„ jour & nuit aux intempéries des saisons qui „ ont été si renversées que l'ordre de la nature „ semble en avoir souffert. Tous les fruits tant „ d'été que d'automne, ont manqué, & les „ arbres actuellement fleurissent comme au „ printems.

„ La plupart des herbes, qui croissent dans „ ces endroits, ne m'ont pas paru malsaines „ pour les bestiaux, & quand il en croîtroit de „ telles, la cause principale de l'épidémie ne doit „ pas leur être imputée, puisque les brebis qui „ ont pacagé ailleurs, & quelques chevaux qui „ n'ont vécu que de foin sec, en sont égale- „ ment affectés, ainsi que les cochons qui n'en „ ont pas fait leur nourriture.

„ La mortalité s'étend jusques sur les autres „ animaux domestiques, sans excepter la vo- „ laille (*a*), laquelle périt dans un hameau de „ Saint Symphorien. Cependant quelque gé- „ nérale que soit l'épidémie, il y a lieu de „ penser qu'elle n'est pas contagieuse. Il est „ mort dans plusieurs Paroisses nombre de „ chiens, qui avoient mangé des chairs des bes- „ tiaux, mais il en est mort aussi qui n'en avoient „ pas mangé, & plusieurs n'ont cessé d'en man- „ ger chaque jour sans être incommodés.

„ Au mois de Mai dernier, il avoit paru sur „ le bétail à corne quelques maux de langue „ dans une Paroisse, & celles qui l'avoisinent. „ Ce ne fut alors qu'une terreur panique ; ils

(*a*) Il peut bien se faire que la maladie de la volaille, dans ce Hameau, n'ait pas été la même que celle du bétail, & n'ait pas été produite par les mêmes causes. La mortalité des poules a été assez générale par-tout, & il paroît qu'elle étoit la suite d'une forte inflammation de poitrine comme celle des chiens.

„ cesserent sans faire de ravages. En Juin, & au „ commencement de Juillet, l'épidémie ré- „ gnante se manifesta sur les troupeaux de bre- „ bis qu'elle a ravagés dans certains endroits, „ jusqu'au point de n'en laisser aucune; dans „ d'autres, le peu qu'il en reste est abandonné, „ sans pasteur, aux seuls soins de la Provi- „ dence dans les champs où elles périssent „ comme mouches. Ces animaux, naturelle- „ ment délicats & foibles sont aussitôt perdus „ qu'on les reconnoît malades.

„ La mortalité des bœufs, des jumens & au- „ tres animaux, a principalement ravagé deux „ Paroisses depuis la fin de Juillet. Elle s'étend „ maintenant de toutes parts, quoiqu'avec „ moins de carnage dans certains lieux que „ dans d'autres.

„ Le 1er symptôme qu'on leur reconnoît, „ est le défaut de nourriture. Ce n'est pas à dire „ qu'il n'y en ait d'autres qui précedent, mais „ les pasteurs, peu experts, ne les distinguent „ point. Ce prélude reveille l'attention. On les „ voit tristes, la tête baissée, les oreilles froides „ & abbatues, le poil redressé sans le lustre or- „ dinaire, les flancs applattis & battans, le ventre „ tendu & plein, tout le corps tiraillé, & sem- „ blant vouloir faire des efforts pour uriner. Les „ urines qu'ils rendent, sont souvent fort claires „ comme de l'eau; l'excrétion des excrémens „ est plus rare, la rumination cesse dans le bé- „ tail à cornes. Quelques heures après, s'il ne „ survient point de tumeurs à la superficie du „ corps, les frissons les saisissent, ils tremblent, „ leurs yeux se ternissent & deviennent lar- „ moyans, il sort une bave tenace de la bou- „ che & des narines; ils se couchent & meu-

„ rent tranquillement, ou agités de convul-
„ sions plus ou moins vives. Dans ces extrémi-
„ tés ils allongent souvent la tête, ils sont es-
„ soufflés, ils poussent de longs soupirs, quel-
„ quefois aussi ils toussent. Ces symptômes
„ viennent souvent avec tant de rapidité que la
„ bête périt sans qu'on les ait vus; plusieurs
„ bœufs sont succombés sous le joug. Plus le
„ cours de ces accidens est prompt, plus aussi le
„ danger est grand & sans ressource. La vio-
„ lence des frissons est toujours funeste. Lors-
„ que la véhémence des symptômes se déclare
„ avec plus de lenteur, il n'y a ordinairement
„ point de frisson, mais s'il en arrive, ils sont
„ de mauvais augure, proportionnellement plus
„ ou moins, selon leur durée & leur rigueur.
„ Dans le développement des signes, il arrive
„ souvent qu'il paroît des tumeurs qui se mani-
„ festent indifféremment sur toute la superficie
„ du corps. Elles sont quelquefois fixes dans la
„ premiere partie où elles se sont déclarées;
„ d'autres fois elles disparoissent pour se montrer
„ ailleurs; si elles s'évanouissent l'animal périt;
„ si au contraire, l'animal conservant ses for-
„ ces, elles se multiplient par l'habitude du
„ corps sur les parties les moins essentielles à la
„ vie, on peut se flatter d'espérance. L'expé-
„ rience journaliere commence à prouver que
„ la guérison dépend essentiellement de la bonne
„ issue des tumeurs & de leur caractere le plus
„ approchant de celui du phlegmon.

„ Les tumeurs sont humorales, *(a)* plutôt que

(a) Ici la distinction faite par l'Auteur du mémoire n'est pas facile à saisir. Le phlegmon, l'érésypele, l'œ-

„ phlegmoneuſes ou inflammatoires. L'inertie des ſolides organiques & la putréfaction des „ humeurs les rendent telles dans les animaux „ attaqués de l'épidémie. J'obſerve cette année „ une ſemblable dépravation, tant des ſolides „ que des liquides dans les maladies qui attaquent le corps humain, leſquelles deviennent „ chaque jour très-fréquentes. J'ai même vû, en „ parcourant les campagnes ces jours derniers, „ trois perſonnes attaquées d'anthrax ou charbon peſtilentiel. Les ſoins que j'ai fait donner aux deux premiers les ont mis en eſpérance de guériſon, mais ce mémoire n'eſt „ relatif qu'aux beſtiaux. J'y reviens.

„ La manifeſtation des tumeurs femble d'abord affecter les muſcles. On ſent ſous la main „ dans la partie attaquée, les chairs devenues „ dures, ſans être beaucoup enflées. Bientôt „ après il s'infiltre dans le tiſſu cellulaire des „ environs une humeur qui en relâche les fibres, les énerve, les macere & releve le cuir „ en boſſe. Si l'on ne ſe hâte de lui faire une „ ouverture pout la tirer de-là, ſon ſéjour produit la gangrene qui ne manque pas de gagner „ plus loin, où ſi le mal eſt près de quelques „ viſceres néceſſaires à la vie, la bête meurt „ avant qu'elle ait fait de plus grands progrès. „ Ces ſortes de tumeurs ſont flaſques; il ne s'en „ écoule qu'une ſéroſité rouſſe & ſanieuſe. S'il „ s'y établit une ſuppuration louable, tout va „ au mieux; les forces de l'animal reviennent,

deme & le ſquirrhe forment quatre genres de tumeurs, toutes dites humorales; ainſi celles dont il s'agit ici doit être de l'un de ces genres, & paroiſſent être néceſſairement d'après la deſcription qu'il en fait des tumeurs œdemateuſes par extravaſation.

„ il recouvre l'appétit pour manger ; si au con-
„ traire il n'y a que l'écoulement séreux sans
„ suppuration, la guérison vient lentement, les
„ bêtes languissent, sont tristes & abbatues,
„ jusqu'à ce que les chairs vives reprennent in-
„ sensiblement leur ressort, & se séparent de
„ tout ce qu'il y a de gangrene, qui tombe
„ pour laisser paroître une plaie bien colorée,
„ que les bœufs alors ont eux-mêmes soin de
„ nettoyer avec leur langue pour la faire cica-
„ triser. Il y a au surplus une remarque à faire
„ au sujet de la gangrene des tumeurs. Elle est
„ d'une espèce particuliere. Le tissu cellulaire &
„ les chairs sont plutôt macérées que pourries.
„ Elles ont une couleur pâle, tirant sur le livi-
„ de, & elles conservent une consistance assez
„ ferme, quoique leurs fibres soient désunies,
„ ensorte qu'on peut dire que c'est plutôt une
„ macération qu'une putréfaction. Il n'en est
„ pas de même de l'escarre qui tombe avant la
„ cicatrisation des plaies ; elle est noire, tout-
„ à-fait corrompue & fétide. Si ces tumeurs de-
„ meurent donc dans leur état de relâchement
„ & de flaccidité naturelle, on a toujours à
„ craindre que l'humeur ne tombe dans la masse
„ du sang, & par conséquent qu'elle ne pro-
„ duise les ravages qui sont ordinaires quand
„ elle ne peut se faire jour au dehors. Cela est
„ arrivé à plusieurs bêtes de toute espece ; elles
„ sont mortes par l'interruption de l'écoule-
„ ment des sérosités, d'autres parce qu'il n'a
„ pû s'établir qu'imparfaitement. La grande
„ sensibilité des chairs malades est toujours de
„ bonne augure ; plus au contraire elles sont
„ insensibles, plus il y a aussi sujet de déséspé-
„ rer. Quand ces bosses, d'applaties qu'elles
sont,„

„ font au commencement, se circonscrivent & „ s'arrondissent, devenant en même-tems fer„ mes & rénitantes; c'est un signe non équi„ voque que la nature agit efficacement, & „ qu'elle prend le dessus sur la cause qui pro„ duit le mal dont elle va bientôt se débarrasser, „ en changeant le dépôt d'humoral qu'il étoit, „ en dépôt de l'espéce que nous appellons „ *phlegmoneux*, lequel n'est jamais dangéreux, „ étant bien placé & bien conditionné. L'ex„ périence l'a toujours prouvé sur le corps hu„ main, & le prouve déjà sur le corps des ani„ maux attaqués de la maladie dont il s'agit. „ L'état de foiblesse & d'abbatement où ils „ étoient avant ces heureux signes, change „ peu-à-peu lorsqu'ils se montrent; la putré„ faction des humeurs s'évanouit insensible„ ment, ainsi que tout ce qui l'annonce. Les „ mouches de différentes espéces, qui attirées „ par l'odeur des maladies s'attachent en plus „ grande abondance, à proportion de l'affoisse„ ment, au bétail hors d'état de les chasser en „ ridant la peau ou autrement, s'en éloignent „ aussi à proportion que ces circonstances font „ connoître le retour de la vigueur; des allûres „ vives succédent à leur air morne, l'envie de „ manger & la gayeté reviennent. L'humeur „ contenue dans le dépôt montre quelquefois „ dans son principe un caractère d'insigne âcre„ té ou causticité. M. Droühet Chirurgien de „ Pont-l'Abbé, a observé qu'ayant ouvert un „ de ces dépôts à la partie supérieure interne de „ la cuisse d'un boeuf, ce qui en découla déta„ cha le poil vingt-quatre heures après, comme „ si la partie avoit été trempée dans l'eau bouil„ lante. La peau dénudée paroissoit fort rouge

„ & bien enflammée. Ces dépôts, comme je „ l'ai dit, se font indifféremment sur toutes les „ parties du corps ; ceux qui se jettent sur „ les viscères sont mortels. Parmi les externes, „ ceux qui se montrent au poitrail des chevaux „ dans l'endroit que les Maréchaux appellent „ l'avant-cœur, sont des plus mauvais ; au con- „ traire, ceux qui affectent le fanon, ou cette „ membrane pendante du poitrail des bœufs „ que nos paysans nomment la *banne*, sont les „ moins dangéreux. Ceux qui viennent au mu- „ seau, à la bouche & au fondement de toute „ espéce d'animaux donnent un présage fu- „ neste ; c'est surtout dans ce dernier cas que le „ bétail répand en mourant ou après la mort „ le sang par les narines, par la bouche ou „ par le fondement, ou souvent par tous ces „ endroits ensemble.

„ Un des symptômes les plus ordinaires re- „ connu par l'ouverture des cadavres, est le dé- „ faut de digestion. On (*a*) trouve le plus sou- „ vent le trajet du canal intestinal vuide, tandis „ que les estomacs sont pleins & comme farcis „ d'herbe qui est plus ou moins durcie dans le „ livret des animaux ruminans ; cela arrive quoi- „ qu'ils ayent cessé de manger plusieurs jours „ avant la mort, ou quand bien même, surpris „ par une mort subite, ils n'auroient pas dis- „ continué de manger.

„ Le sang qu'on tire aux bêtes malades se „ fige facilement, & se couvre bientôt d'une

(*a*) Ces signes se rencontrent dans tous les animaux ruminans, attaqués de maladies graves, de quelque nature qu'elles soient.

„ coënne épaisse, dure, de couleur blanchâtre, „ tirant un peu sur le jaune. Les saignées mal „ placées & au hasard, ont toujours eu des „ suites funestes. Quelques-unes faites à pro- „ pos ont été salutaires, & leurs bons effets „ sensibles. La plûpart des breuvages employés „ jusqu'à présent ont paru accélérer la mort „ selon le rapport des personnes qui en ont le „ plus donné?

„ Il seroit à souhaiter qu'on pût découvrir la „ cause qui a produit l'épidémie; mais outre „ que ce seroit perdre un tems précieux que de „ s'attacher à en faire la perquisition, il a tou- „ jours paru comme impossible de découvrir la „ source de toutes les maladies épidémiques, „ & ce n'est que par l'heureux effet du hasard „ qu'on en a découvert quelques-unes plutôt „ que par le travail des recherches pénibles & „ de la méditation. Il semble pourtant qu'on „ devroit attribuer le fléau dont je fais le dé- „ tail à la grande humidité (*a*) de l'air trop long- „ tems continuée par les pluyes, les orgaes & „ les brouillards, qui n'ont cessé toute cette „ année, de troubler la végétation & la fructifi- „ cation des plantes. A cela, se joint que la terre „ trop profondément humectée par une sura- „ bondance d'eau, a pu répandre dans l'atmos- „ phere (*b*) des vapeurs non ordinaires, qui au-

(*a*) Les maladies épidémiques, malignes & contagieuses viennent souvent (dit Hoffmann) d'une disposition trop humide de l'air pendant le cours de l'année. Cette observation relative aux hommes peut parfaitement être appliquée aux animaux. Une expérience fatale l'a prouvé plusieurs fois.

(*b*) Personne ne doute que les exhalaisons des eaux

„ ront aussi affecté extraordinairement toute „ l'œconomie animale. Quelqu'apparente „ que soit cette idée, je ne m'y attacherai „ point. Ennemi des hypotèses, qui ne font „ le plus souvent que retarder les progrès & le „ bien de la Médecine, je l'abandonne comme „ supposition.

„ Pour agir méthodiquement à développer „ les maladies, on doit y considérer trois pé- „ riodes : le commencement ou l'invasion, „ le fort ou l'état, le déclin ou la fin. Jusqu'à „ présent je ne crois avoir décrit que les deux „ derniers tems, c'est-à-dire l'état & le dé- „ clin. Je pense qu'il est évident par le narré „ des symptômes que la maladie des bestiaux „ est dans son fort, lorsqu'elle fait connoître „ dans leur corps un caractère d'inertie des soli- „ des & d'insigne dépravation des humeurs. De „ la destruction de ce vice, dépend le déclin qui „ doit conduire à la guérison. L'invasion, tems „ le plus propre à prévenir l'orage, demeure „ comme inconnue par le défaut d'intelligence „ & de sçavoir des personnes habituées à ma- „ nier les bestiaux sans craindre leurs cornes „ & leurs pieds. Cependant, lorsque le mal est „ porté à son plus haut degré, la nature est „ près de succomber ou de remporter la vic- „ toire. Il faut donc qu'avant cela, elle se soit „ mise en jeu, & qu'elle ait fait des efforts pour

---

croupissantes qui se repandent dans l'air, ne soient autant d'écoulemens funestes de poisons, pour ainsi dire, putrefiés, qui donnent naissance à une infinité de maladies du plus mauvais caractere dans les hommes & dans les animaux, telles que des fiévres malignes, pestilentielles, vermineuses, gangreneuses, &c.

» se débarrasser de ce qui la menace de sa » ruine; donc ce seroit aussi alors qu'il faudroit » lui donner les secours les plus utiles pour dé- » tourner & affoiblir les forces de son ennemi » qui se dérobe aux yeux, mais qui ne se cache- » roit point au tact d'un Maréchal expert, qui » s'approcheroit de ces animaux sans crainte. » Dans nos campagnes, nous manquons de tels » Artistes, que nous pourrions guider avec fruit » & étendre leurs connoissances.

» Au défaut des symptômes, pour découvrir » le premier tems de l'invasion de la maladie, il » faut tâcher de le développer par analogie avec » le corps humain. L'épidémie a une si grande » ressemblance avec ce que nous appellons dans » l'homme fiévre putride, maligne, pourprée » & pestilentielle, que je ne balance pas de lui » donner les mêmes noms chez les animaux qui » en sont attaqués. En effet, ne voyons-nous » pas dans l'homme que ces fiévres sont ac- » compagnées des phénomenes d'abbatement » des forces, de taches pourprées, de tumeurs » d'un mauvais caractère, de dépôts irréguliers, » de déchirement d'entrailles, de défaut d'ap- » pétit, de vice des déjections, de mort ve- » nue avec célérité; &c. les ouvertures des ca- » davres dont je joindrai le narré à la fin de ce » Mémoire, fourniront des preuves de ressem- » blance. Or les Médecins sçavent que ces ac- » cidents terribles sont précédés dans l'homme » par une fiévre violente. Qui ne croira donc » pas qu'ils le sont également dans les ani- » maux (*a*), dont la maladie porte le même

(*a*) Il est certain que tous les accidens terribles ob-

„ caractère ? Outre ces preuves analogiques ;
„ j'en ai une qui est la seule que j'ai pû recueillir

---

servés dans les animaux sont, comme dans l'homme, précédés par une fiévre violente. L'Auteur du Mémoire qui croit qu'on n'en entrevoit aucuns symptômes, les a néanmoins tous décrits.

1°. Il a fait mention des signes généraux de la fiévre qui sont une respiration plus ou moins difficile, plus ou moins laborieuse, plus ou moins fréquente, & une accélération plus ou moins considérable des mouvemens ordinaires du diaphragme & des muscles abdominaux, mouvemens très-sensibles qu'il a apperçus dans les flancs, & accélérés selon la fréquence des inspirations que l'animal est machinalement obligé de faire, pour faciliter & pour subvenir au passage du sang que le cœur agité chasse dans les poumons avec plus d'impétuosité, & en plus grande abondance que ces organes ne peuvent en admettre dans l'état naturel.

2°. Il a même observé plusieurs signes particuliers. Ces signes particuliers sont, quant à la fiévre éphémere, l'accès subit de cette fiévre qui n'est annoncée par aucun dégoût, & qui se montre tout-à-coup dans toute sa force, la chaleur modérément augmentée de l'animal, le défaut des accidens graves qui accompagnent les autres fiévres & la promptitude de sa terminaison.

Ceux qui sont propres à la fiévre éphémere étendue ou la fiévre continue simple, different de ceux-ci par leur durée & par la tristesse plus grande des animaux.

Des frissons qui s'observent sur-tout aux mouvemens convulsifs du dos & des reins, la chaleur vive qui leur succede, la véhémence du battement des flancs, leur tension, l'extrême difficulté de la respiration, l'aridité de la bouche, une soif ardente, l'enflure des parties de la génération dans les chevaux, la position basse de la tête, une grande peine à la relever, la froideur extrême des oreilles, des cornes & des extrêmités, des yeux mornes, troubles & larmoyans, une foiblesse considérable, une marche chancelante, un dégoût constant, la fétidité d'une fiente quelquefois dure, quelquefois peu liée, quelquefois séreuse, quelquefois graisseuse, une urine crue & aqueuse, la chûte du membre

„ en parcourant les campagnes. Un Payſan,
„ chagrin de voir périr ſes beſtiaux, & exami-

---

dans le cheval, la couleur fannée du poil, ſont autant de ſymptômes qui appartiennent à la fiévre putride. La plûpart d'entr'eux ſont auſſi communs aux fiévres ardentes, mais ils ſe préſentent avec un appareil plus effrayant.

La chaleur, d'ailleurs inégale en pluſieursendroits eſt, telle qu'elle eſt brûlante ſur-tout au front, aux cornes, autour des yeux, à la bouche, à la langue qui eſt plus âpre, noire, & à laquelle il ſurvient quelquefois des eſpeces d'ulceres. L'air qui ſort par l'expiration n'eſt pas plus tempéré. L'accablement eſt encore plus grand, la ſoif eſt inextinguible, une toux ſeche ſe fait quelquefois entendre, la reſpiration eſt ſouvent accompagnée de râlement. La tête eſt baſſe & immobile, l'haleine eſt puante, une matiere jaunâtre & une bave plus ou moins tenace fluent des naſeaux & de la bouche. Aſſez fréquemment les déjections ſont ſemblables à celles qui caractériſent le flux dyſſenterique, &c.

Dans les fiévres peſtilentielles, malignes, gangréneuſes, tous ces ſignes d'une inflammation funeſte s'offrent également; les tumeurs critiques qui paroiſſent au-dehors les déſignent ſpécialement & d'une maniere non équivoque.

Il faut convenir cependant que dans la plus nombreuſe partie des animaux, vainement tenteroit-on de conſulter le pouls, cette regle des grands Médecins, cet oracle qui leur dévoile la force du cœur & des vaiſſeaux, la quantité du ſang, ſa rapidité, la liberté de ſon cours, les obſtacles qui s'y oppoſent, l'activité de l'eſprit vital, ſon inaction, le ſiége, les cauſes, le danger d'une foule de maladies, mais qui ceſſe d'être intelligible, & qui devient ambigu, obſcur & captieux pour celui qui ſans égard à l'inégalité de la force de ce muſcle, des canaux & du fluide ſanguin dans les divers ſujets, & aux variétés de cette même force dans un même individu, prononce au premier abord & tire enſuite du tact & de l'examen le moins réfléchi des indications fauſſes & ſouvent meurtrieres.

Mais ce ſigne ou cette meſure de l'action & des mou-

„ nant une vache, pour découvrir s'il ne lui
„ venoit point de tumeur, mit la main entre les

---

vemens qui constituent la vie, ne nous abandonne pas toujours. Dans nombre de chevaux, de bœufs, de moutons, on distingue assez aisément les pulsations des arteres temporales, axillaires, brachiales, aux parties latérales de ce qu'on appelle *le boulet* dans les chevaux, &c. l'artere crurale du mouton se fait aussi assez bien sentir.

On pourroit même juger dans quelques-uns de la dureté de ces pulsations, de leur mollesse, de leur fréquence, de leur rareté, de leur intermittence, de leur uniformité, de leur grandeur, de leur petitesse, de leur continuité & de leur interruption. Quelquefois les pulsations du tronc des carotides sont dans certains chevaux appercevables à la vûe, précisément à l'insertion de l'encolure dans le poitrail, quand ils sont atteints de la fiévre. Communément aussi dans la plupart des animaux qui fébricitent, le battement du cœur n'est point obscur; mais si ceux de toutes les arteres sont absolument inaccessibles au tact, nous ne pouvons juger alors avec certitude de la liberté de l'action de ces canaux, de leur resserrement, de leur tension, de leur dureté, de leur sécheresse, &c. ni saisir avec précision une multitude de différences très-capables de guider des esprits éclairés, & ces battemens du cœur n'apprennent rien de plus positif que ce dont instruisent les symptômes généraux dont nous avons parlé, c'est-à-dire, la respiration fréquente & l'accélération du mouvement des flancs.

Au surplus, on a vérifié sur les animaux, en qui l'action des arteres est sensible, les observations rapportées dans l'hœmastatique de Hales en ce qui concerne le nombre des battemens, & on en a suivi la progression dans les divers âges. On en a compté quarante-deux par minutes dans le cheval fait & tranquile, soixante-cinq dans un poulain extrêmement jeune, cinquante-cinq dans un poulain de trois ans, quarante-huit dans un cheval de cinq ans, mais limousin, & par conséquent d'un pays où ces sortes d'animaux sont long-tems attendus; trente dans un cheval qui présentoit des marques évidentes de vieillesse, cinquante-cinq, soixante, &

„ jambes de devant aux endroits qui sont aux „ parties latérales du haut de la poitrine. Il ap-

---

même cent dans un cheval dont on avoit ouvert les arteres crurales, & qui étoit sacrifié à la curiosité & à l'instruction ; la fréquence des pulsations augmentoit à mesure qu'il approchoit de sa fin. Enfin dans des jumens faites, on en a compté trente-quatre & trente-six, ce qui prouve que dans les femelles des animaux, le poux est plus lent que dans les mâles, & ce qui démontre, lorsque cette différence nous frappe dans les personnes des deux sexes, que la marche, les loix & les opérations de la nature sont à peu près les mêmes dans le corps de l'homme & de l'animal.

Au surplus, si les pulsations des arteres de la machine humaine sont en raison double de celles des arteres du cheval, ce n'est point parce que la consistance naturelle du sang de celui-ci est plus épaisse, mais parce que les battemens sont toujours plus distans les uns des autres dans les grands animaux, & plus fréquens dans les plus petits ; non que la force du sang artériel ne l'emporte dans les animaux les plus grands, ainsi qu'on peut s'en assurer dans les Tables de Hales, en comparant les hauteurs perpendiculaires du sang dans les tubes fixés aux arteres, mais parce que ce liquide ayant en eux un plus grand nombre de ramifications & des vaisseaux d'une bien plus grande étendue à parcourir, éprouve dans son cours beaucoup plus d'obstacles & de résistance.

Le battement des arteres du bœuf & de la vache, est à peu près le même pour le nombre que celui de la jument & du cheval. Le pouls du mouton bat soixante-cinq fois par minute, le pouls du chien, quatre-vingt-dix-sept fois, &c. Du reste, on ne doit pas croire, dit Hales lui-même, que la force du sang dans les veines & dans les arteres soit à beaucoup près égale dans tous les animaux soit de même, soit de différente espece. Cette variété ne se trouve pas seulement dans ceux qui sont d'un poids & d'un volume inégal, mais aussi dans celui où ces qualités se trouvent parfaitement semblables ; & qui plus est dans le même animal, cette force varie suivant la différente qualité ou quantité de nourriture, les différents espaces de tems qu'il y a qu'il a mangé,

„ perçut une fréquente & forte pulsation des „ arteres qui répondent aux arteres axillaires „ du corps humain. Cet animal mangeoit en„ core, mais il ne tarda pas long-tems à perdre „ l'appétit; on le reconnut dès-lors malade: „ bientôt après il mourut. Les pulsations des „ arteres fréquentes & en même-tems violentes „ ne dénotent-t'elles pas bien la présence d'une „ forte fiévre? ce seroit pendant ce premier dé„ gré de la maladie qu'on ne reconnoît pas, qu'il „ faudroit commencer à mettre en pratique les „ vûes excellentes, si sagement exposées par la „ consultation que l'on a reçue de l'Ecole Roya„ le Vétérinaire, & si judicieusement remplies „ en prescrivant les remedes les mieux appro„ priés. Une diéte sévere, les breuvages acidu„ lés & nitreux, les lavemens émolliens con„ viendroient parfaitement bien ainsi que la „ saignée. On previendroit l'affaissement des „ solides & l'épaississement des humeurs. Leur „ quantité diminuée de ce qu'elles auroient „ d'excédent, ne porteroit pas les vaisseaux au„ delà de leur ressort, & ne les empêcheroit „ pas d'agir sur elles, pour les diviser & entre-

---

& l'état plus ou moins pléthorique des vaisseaux. La variété qui se trouve dans l'exercice, le repos, la langueur ou la vivacité de l'animal influent aussi beaucoup sur la force du sang, &c. mais il est des choses générales telles que la quantité des battemens dont j'ai parlé, auxquelles on peut s'arrêter: lorsque ces battemens sont sensibles; s'il en étoit autrement, & qu'attendu ces variétés on se refusa à ce qu'il est possible de statuer d'après des faits assez universellement avoués, les Médecins seroient dans le cas d'en user de même eu égard aux pouls du corps humain, qui cependant est & doit être toujours leur boussolle.

„ tenir une circulation libre, sans laquelle point „ de santé. Les liqueurs atténuées & divisées „ ne tendroient plus à se coaguler comme il pa- „ roît par la coënne épaisse qu'a le sang tiré „ des veines; de-là il arriveroit qu'on n'auroit „ pas tant à craindre les stases, les arrets, dont „ la suite nécessaire est la putréfaction qui met „ les choses au degré le plus éminent & le plus „ menaçant. En prenant ces précautions on „ obtiendroit pour le moins que les progrès du „ mal fussent plus lents, ce qui donneroit lieu „ de placer les remedes sûrement & à propos; „ mais cela négligé, les humeurs tendent à la „ coagulation, commencent à entrer en putré- „ faction, & toute l'œconomie animale est dé- „ rangée; alors la nature affaissée & proche de „ sa ruine fait tumultueusement ses derniers ef- „ forts pour se débarrasser du fardeau qui l'ac- „ cable. Elle agit sans ordre, jette les humeurs „ de toutes parts, les dépose dans les endroits „ les plus foibles, & les laisse dans les parties où „ elles se trouvent le plus engagées; Si c'est „ dans les viscères, elles causent la mort inévi- „ table: Si c'est dans l'extérieur du corps, elles „ forment des dépôts toujours d'un mauvais ca- „ ractère, plus ou moins affectés d'un vice „ gangreneux, à proportion de la vigueur de „ l'animal & de la force avec laquelle ses vais- „ seaux peuvent agir. C'est alors qu'il faut ré- „ veiller les forces de la nature affaissée & les „ soutenir en employant dans les breuvages les „ stimulans sans trop d'âcreté, les cordiaux & „ les anti-gangréneux. Dans pareilles maladies „ qui attaquent les hommes, après avoir pré- „ paré les malades par la saignée & une diète „ humectante, on employe avec succès les émé-

» tiques & les purgatifs avant que l'abbatement » ne ſoit venu. Ils paroîtroient pareillement in» diqués pour les beſtiaux, mais leurs entrailles » ſe prêtent difficilement à l'effet des purga» tifs (*a*) & la ſtructure de leurs eſtomacs rend » le vomiſſement impoſſible. Auſſi ne pouvant » pas être utiles, ils ne manquent point de de» venir nuiſibles en augmentant l'irritation à la» quelle ils ſont déjà diſpoſés. Les autres ani» maux qui ont l'eſtomac figuré ou formé » comme celui de l'homme vomiſſent, & l'on » a auſſi remarqué que des chiens & des co» chons attaqués de l'épidémie, ont été guéris » à l'aide du vomiſſement.

„ Les tumeurs veulent leur traitement parti„ culier. La qualité putride & âcre de l'humeur „ qu'elles contiennent, demande qu'on les ou„ vre ſans perdre de tems auſſi-tôt qu'elles pa„ roiſſent. Plus on diffère, plus elles deviennent „ mauvaiſes. Il convient de multiplier les ou„ vertures à proportion qu'il en paroît de nouvel„ les. On attire même l'humeur dans les parties les „ moins dangéreuſes en y faiſant des cauteres ou „ des ſétons ſans qu'il y ait encore de tumeurs. „ On fortifie en même-tems toutes les chairs „ par quelque fomentation anti-gangreneuſe, „ comme les décoctions de ſcordium faites avec „ le vin & aiguiſées de ſel commun qu'on n'eſt „ pas obligé d'acheter dans ce pays, ou le ſel „ ammoniac. On panſe les plaies avec du ſup„ puratif dont on enveloppe un morceau de „ plante plus ou moins âcre, ſelon qu'il paroît

(*a*) *Voyez* Matiere Médicale à l'uſage des Eleves de l'Ecole Royale vétérinaire, Parag. XIX.

„ nécessaire d'attirer l'écoulement de l'humeur „ ou de le favoriser simplement. L'herbe aux „ gueux, l'ellebore noir, la racine d'iris, &c. „ servent à cela. La plaie étant devenue belle, „ on la panse simplement avec une mêche gar- „ nie de suppuratif ou de térébenthine.

„ Cette méthode aisée & facile à pratiquer „ par les personnes les moins intelligentes a „ déjà sauvé beaucoup de bétail, & si nos cam- „ pagnes avoient des Maréchaux experts, capa- „ bles d'exécuter & de suivre mieux un traite- „ ment régulier, on en sauveroit encore da- „ vantage. Outre le défaut de personnes enten- „ dues, la grande quantité de bêtes livrées, au „ gré des saisons, dans une vaste prairie, sans „ commodité pour les abreuver avec soin, pour „ les mettre à couvert des injures de l'air, ni „ même pour les parquer, rend bien des se- „ cours impraticables. A tout cela se joint une „ grande misere des peuples accablés des fleaux „ qui les mettent hors d'état de faire la moin- „ dre dépense.

„ Pour obéïr aux ordres dont M. l'Intendant „ a bien voulu m'honorer, je me suis char- „ gé defaire ce détail. &c.

„ Na. Les bestiaux n'ont jamais paru plus „ gras ni en meilleur état qu'ils le sont cette „ année ; l'épidémie semble attaquer principa- „ lement ceux qui sont les plus beaux & les „ plus dodus ; c'est ainsi qu'on les voit périr au „ grand regret des particuliers.

M. Nicolau a terminé ce Mémoire par un détail de ce que l'examen du corps des animaux morts a offert à ses yeux.

Premiere Ouverture.

» Le 23e. Août 1763, un bœuf appartenant » au sieur Fief-Gallet, Fermier de la Terre de » Saint-Fort, mourut vers les quatre heures » après midi. Nous le vîmes couché comme » s'il étoit sur le point d'expirer. Il mourut » après avoir eu quelques légeres convulsions. » Son corps n'enfla point, & il ne parut à l'ex- » térieur aucune marque de maladie. L'ou- » verture faite immédiatement après la mort, » toutes les chairs se montrerent saines ne ré- » pandant aucune mauvaise odeur. Après avoir » coupé le sternum, & la plevre étant percée, » il sortit de la poitrine une petite quantité de » vent, point de mauvaise odeur; le médiastin, » la plevre, le diaphragme, le cœur & le » poumon se trouverent au naturel. Lorsqu'on » enleva ces visceres, il se répandit une quan- » tité de sang point coagulé, mais dissout. » Le poumon avoit seulement quelques hydati- » des à sa superficie, remplies de sérosité lim- » pide; d'ailleurs il n'y avoit rien dans sa cou- » leur ni dans sa consistance qui fût extraordi- » naire, tant intérieurement qu'extérieurement. » La langue, la bouche & l'œsophage étoient » sains; dans le bas-ventre l'épiploon ou le » tablier graisseux étoit sain. La ratte avoit quel- » ques tâches de gangrene sur la face qui touche » au livret & à l'abomasus. La consistance de » la bile paroissoit un peu claire & la couleur » un peu plus pâle qu'elle ne devroit l'être. Les » estomacs & les intestins ayant été déchirés » par le peu de dextérité du Maréchal Ferrant, » il ne fût pas possible de les examinr assez

„ exactement. Cependant l'abomasus parut to- „ talement sphacelé, le psautier ne l'étoit pas „ autant, mais sa membrane veloutée, séparée „ tant de ses feuillets que de ses parois, étoit „ en partie sur les alimens, & en partie mêlée „ avec eux. Ils avoient la consistance plus dure „ qu'elle ne doit naturellement l'être, & étant „ comme mastiquée. Les recherches ne furent „ pas poussées plus loin. Les estomacs & les „ boyaux percés & déchirés, ne rendirent „ presque d'autre odeur que celle qui est ordi- „ naire aux excrémens du bœuf.

Seconde Ouverture.

„ Une vache appartenant au même Fief-Gal- „ let, fût reconnue malade le 22e Août. On „ nous l'annonça mourante le soir du 23. Com- „ me nous allions pour l'examiner, elle monta „ avec rapidité sur un tas de fumier fort élevé „ où elle tomba agitée de violentes convulsions „ & mourut toute essouflée vers les sept heures „ du soir, rendant de la bave tenace par les „ narines & par la bouche. Nous en fimes l'ou- „ verture le 24 à huit heures du matin. Elle „ avoit le ventre enflé, ce qui venoit en partie „ de ce qu'elle étoit pleine & en partie des „ vents contenus dans le peritoine. Elle ne ré- „ pandit aucune odeur fétide, ni ne manifesta „ rien contre nature dans toute la superficie de „ son corps. Ecorchée, tout le tissu cellulaire „ se trouva sain. Le lait qui sortit des mammel- „ les étoit blanc, lié & clair; la tête & la poi- „ trine se trouverent au naturel, mais le sang „ qui sortit des gros vaisseaux en abondance „ étoit dissout & non pas coagulé; il sortit,

„ tant de la poitrine que du bas-ventre une pe„ tite quantité de vents point puants. Les esto„ macs se trouverent distendus, pleins d'herbes „ excepté l'abomasus qui contenoit une li„ queur boueuse, brune, en petite quantite. En „ général l'herbe contenue dans les autres esto„ macs n'étoit pas aussi seche & aussi mastiquée „ que dans le bœuf. Elle le paroissoit cependant „ assez pour rendre la digestion extrémement „ difficile. L'intérieur, tant de l'omasus que „ du reticulum, du liber & de l'abomasus, étoit „ dépouillé de leur membrane veloutée qui se „ trouvoit sur la masse des alimens & mêlée „ avec eux. Le livret outre cela, avoit plusieurs „ feuillets détruits, noirs & tombant en lam„ beaux au moindre attouchement. Tout le „ trajet du canal intestinal étoit vuide & en„ flammé, ainsi que le mésentere. L'intérieur „ des boyaux dépouillé aussi de sa membrane „ veloutée. Dans plusieurs endroits, tout le „ boyau sphacelé & corrompu se déchiroit „ pour peu qu'on le tiraillât; une portion de „ l'épiploon étoit macérée, noire & tombant „ en lambeaux, l'autre partie étoit saine; la „ vessie, la matrice de même, ainsi que le fœ„ tus & ses enveloppes; d'ailleurs toutes les „ chairs étoient belles, sans mauvaise odeur, „ & il est à remarquer que les endroits corrom„ pus ne sentoient pas non-plus fort-mau„ vais.

Troisiéme Ouverture.

„ Un cheval appartenant à M. Guiliot, an„ cien Lieutenant général de l'Amirauté à Ma„ rennes, le 28 & le 29 Août fut reconnu „ malade. Il se manifesta d'abord à la partie la„ térale

» térale gauche du poitrail une tumeur qui s'é-
» tendit bientôt sur tout le dessous du cou. Un
» Maréchal ferrant cauterisa une grande par-
» tie de cette tumeur dans l'endroit le plus bas,
» en ma présence, avec un fer rouge, qui dé-
» truisit le cuir jusqu'aux chairs. Durant cette
» opération le cheval ne donna aucune mar-
» que de sensibilité ; cependant il étoit sensible
» à la piquûre des mouches dans les autres en-
» droits du corps. Il ne suinta rien de la plaie,
» & il mourut le 31, vers les cinq heures du
» soir. Nous en fîmes l'ouverture le premier
» Septembre de bon matin. Il étoit puant &
» avoit le ventre enflé. Il en sortit quantité de
» vents de très-mauvaise odeur. Tous les visce-
» res ne montrerent rien de remarquable,
» excepté quelques taches d'inflammation.
» L'estomac seulement étoit plein de foin,
» quoique cette bête eut demeuré sans manger
» trois jours avant sa mort. Les intestins étoient
» vuides. Le pericarde étoit rempli d'une gran-
» de quantité de lymphe un peu sanguinolente
» dans laquelle le cœur étoit noyé, & la base
» de ce viscere en étoit abreuvée, spongieuse
» & comme macerée. Tout le devant du cou,
» depuis le poitrail jusqu'à la ganache, c'est-à-
» dire, toute la tumeur n'étoit sous le cuir qu'un
» amas de fibres, les unes blanches, d'autres
» livides, toutes macérées & abreuvées par une
» lymphe mucilagineuse, semblable à de la
» morve un peu rousse. Les chairs des environs
» étoient aussi très-humides & livides ; ailleurs
» elles étoient saines.

Quatriéme Ouverture.

» Une brebis trouvée tout auprès de Saint-Agnan le 2e Septembre, étoit encore chaude; » selon toutes les apparences elle venoit de » mourir. La peau, qui se trouve dépourvue de » laine entre les quatre jambes, étoit parse-» mée d'exanthèmes rouges & pourprés. Il y » avoit sous sa gorge, entre les deux branches » de la machoire inférieure, une tumeur plus » grosse que le poing, laquelle étant ouverte » a répandu beaucoup de sérosités rousses, dont » tout le tissu cellulaire étoit infiltré aux envi-» rons, sous la peau & dans l'interstice des mus-» cles. Cette humeur n'étoit autre chose qu'un » amas de sérosités & de fibres macérées de-» puis le dessous de la gorge jusqu'à la base du » cerveau, qui en étoit aussi abreuvé. D'ailleurs » il n'y paroissoit pas de marque de gangrene, » sans doute parce qu'avant qu'elle fût venue, » l'animal, foible & délicat, n'avoit pû résister » plus long-tems sans succomber à la mort. Le » reste du corps étoit sain tant en dedans qu'en » dehors, excepté que les intestins se trou-» voient vuides. Les trois derniers estomacs » n'étoient pas trop pleins, mais l'omasus ren-» fermoit une grande quantité d'herbe. Le foie » avoit quelques squirrosités anciennes & indé-» pendantes de la maladie épidémique. La vé-» sicule du fiel avoit sa couleur naturelle de mê-» que la bile, la rate étoit enflée & gorgée » d'un sang noir.

Cinquiéme Ouverture.

» Le 7e. Septembre nous examinâmes six » brebis mortes dans un champ de Saint-Agnan. » Les cinq premieres n'avoient à l'extérieur » du corps d'autres symptômes que des taches » pourprées dans des endroits dépourvus de » laine entre les jambes. La sixiéme en avoit » beaucoup plus ; outre cela, le sang lui sortoit » par les narines & par le fondement qui étoit » enflé à sa circonférence. Nous choisîmes » celle-là pour en faire l'ouverture. La tête & » tout le reste du corps se trouvoient sains & » sans inflammation. Le premier estomac ap- » pellé *omasus* étoit distendu & farci d'her- » bes ; le reticulum ou réseau en contenoit » moins à proportion, le livret en avoit une » petite quantité un peu durcie ; la franche- » mule contenoit une liqueur bourbeuse de » couleur verd-brun ; ses parois étoient rou- » ges, & ses rides un peu gangrenées. Le trajet » du canal intestinal contenoit des excrémens, » les bords de l'anus étoient infiltrés de sérosi- » tés & ses veines gorgées de sang.

M. Nicolau a parlé dans son Mémoire de la consultation qui fut alors envoyée de l'école vétérinaire à M. l'Intendant de la Rochelle. Cette consultation avoit été faite sur un exposé bien moins étendu & bien moins circonstancié que le sien, de maniere qu'on envisagea la maladie dont il s'agissoit dans son origine comme une forte & violente inflammation, & dans ses progrès, & dans ses effets comme une putréfaction générale, toutes les humeurs étant, ensuite de cette même inflammation, essentiellement dépravées. On prescrivit donc ce qu'on a prescrit avec le plus grand succès contre les maladies qui ont désolé l'Auvergne, une portion de la généralité de Moulins, du Limousin, de la Province de Bugey, de la Champagne, du Forez, du Dauphiné, &c. Quelque prompte que parût cette dégénération d'un état inflammatoire en un état de putridité, on recommanda expressément d'observer ces deux tems ou ces deux périodes, dont le premier ne différoit vraisemblablement & extérieurement de l'autre, qu'en ce qu'on ne devoit pas remarquer dans le principe du mal, l'affaissement & la foiblesse qui en étoient les suites. On pensa que le premier période demandoit la saignée, les acidules, les nitreux, & le second des remedes anti-putrides & stimulans. On ordonna donc l'ouverture de la jugulaire dès les premiers momens de cette funeste inflammation & sur-tout avant que les animaux fussent dans l'abattement.

On prescrivit des lavemens émolliens à donner deux ou trois fois par jour, composés d'une décoction de mauves, d'une once d'huile d'olive, d'une once de miel commun, & d'une once de crystal minéral.

On suggéra de tenir les malades au son & à l'eau blanche, de ne donner aux chevaux que très-peu de nourriture, & encore moins aux bœufs en qui la digestion est toujours viciée en pareil cas par le défaut de rumination; de prendre des racines de zedoaire & d'angélique, de chacune demi-once, myrrhe, trois dragmes, sel ammoniac, deux dragmes, camphre une dragme, de pulvériser les racines & la myrrhe, de broyer le tout dans suffisante quantité de miel commun qu'on aura fait bouillir dans du vinaigre jusqu'à ce qu'il ait repris sa consistance ordinaire ; de mettre le tout dans un linge roulé en maniere de billot : de le placer & de le maintenir dans la bouche de l'animal, les billots composés ainsi étant très-efficaces & très-utiles dans les maladies contagieuses du bétail ; ils éloignent, pour ainsi dire, en effet les corpuscules morbifiques qui s'exhalent, se répandent, nâgent & circulent dans l'air que les animaux respirent ; en les empêchant de se mêler avec la salive & de s'introduire avec elle dans les estomacs.

Les nitreux que l'on indiqua furent demi-once de nitre dans une infusion de pariétaire. On devoit donner soir & matin avec la corne la valeur d'une livre de ce breuvage.

On conseilla d'ajoûter à la boisson blanche du vinaigre de vin jusqu'à une certaine acidité.

On recommanda de faire dissoudre une dragme de camphre dans un verre d'eau-de-vie, de le jetter ensuite dans demi-septier d'eau blanche, de faire prendre ce breuvage avec la corne à l'animal soir & matin deux heures après le breuvage nitreux, & ensuite seulement le matin jusqu'à une diminution notable des premiers symptômes ; enfin, de substituer au nitre dans le cas où l'inflammation s'appaiseroit, une dragme de sel ammoniac dans une même infusion de pariétaire.

Dans la présupposition que l'inflammation pouvoit dans quelques animaux, occuper les parties de la bouche & de l'arriere-bouche, on formula l'injection anti-putride qui a été mise en usage dans la maladie qui attaqua les bestiaux de la Paroisse de Mésieux en Dauphiné.

Tous ces remedes étoient à administrer avec prudence dans le premier tems. Le second en exigeoit d'autres.

Parmi ceux-ci on indiqua le breuvage suivant.

Prenez racine de grande chelidoine nétoyée, une poignée. Faites bouillir dans une livre de vinaigre rosat jusqu'à diminution d'un tiers ; ajoûtez à la colature de thériaque une once, donnez à jeun en deux fois, une dose un jour, la seconde dose l'autre. Couvrez-bien le malade, & garantissez-le pendant l'effet de ce remede de l'impression de tout air froid.

Dans l'espérance que ce breuvage pourroit le rappeller à une certaine vigueur, on proposa d'en substituer alors un autre.

Prenez racine d'angélique en poudre une once, mettez dans une demi-livre de vin rouge, & donnez-en deux fois à l'animal ; la premiere moitié à jeun, l'autre dans la journée.

Enfin dans la circonstance de la diminution des symptômes, on conseilla le quinquina donné trois fois par jour, & à la dose de deux dragmes chaque fois dans une décoction de racine d'énula campana.

Quant aux tumeurs, quant à la suite de la cure & aux précautions à prendre pour garantir les animaux sains, on ne prescrivit autre chose que ce qui avoit été pratiqué lors de la maladie de Mésieux, & mis en usage pour combattre celle (*a*) des bestiaux dans les diverses Provinces dont nous avons parlé.

(*a*) Il est bon d'observer ici que cette maladie, vrai-

Le Mémoire de M. Nicolau exigeoit une consultation plus raisonnée, il suggéra aussi d'autres vûes, ainsi nous croyons devoir insérer ici les nouveaux avis qui furent donnés de la part de l'Ecole vétérinaire.

On ne peut, dit la nouvelle Consultation, attribuer l'épidémie dont il s'agit, qu'aux différentes causes qui ont été envisagées avec la plus grande sagacité dans le Mémoire auquel on répond, & l'on croit voir évidemment à présent, que la maladie qui ravage le Pays Brouageais, consiste dans une perversion to-

ment épisootique & contagieuse, s'est manifestée dans toutes ces Généralités par les signes suivans. Refus de nouriture, cessation de rumination, poil terne & hérissé, tête basse, yeux larmoyans, violent battement de flancs, chaleur de la bouche, des oreilles & des cornes, douleur considérable le long de l'épine, crépitation en cet endroit, ou bruit semblable à celui que fait entendre un parchemin sec que l'on comprime pour peu que l'on coule les doigts sur cette partie, tumeurs survenant indistinctement dans différens lieux de la superficie du corps des animaux, disparition subite de ces mêmes tumeurs dans plusieurs d'entr'eux, & qui en assurent la perte; prostration des forces, froid excessif succédant à la chaleur ardente qu'on a remarquée, évanouissement de la douleur régnant le long de l'épine, tension énorme du bas-ventre, plaintes continuelles précédant la mort, enfin symptômes évidens de putréfaction & de gangrene dans les cadavres ouverts. Néanmoins au moyen des remedes indiqués ici, on est parvenu à préserver & à guérir, ainsi qu'on peut s'en assurer par les états certains & non suspects qu'on en a tenus, cinq mille trente-trois animaux, sans recourir à toutes ces sections, à toutes ces coupures si fort usitées par les Paysans dans les campagnes, dans le cas de la crépitation apperçue; cette crépitation & la douleur qui l'accompagne, n'étant que symptomatiques, & se dissipant par l'action des médicamens qui conviennent à la maladie essentielle.

tale des humeurs, ainsi que dans le relâchement, dans l'inertie & dans la stupeur des solides. Le changement arrivé dans ceux-ci peut être primitivement l'effet du vice actuel du climat, & cet effet avoir été secondairement augmenté par la dépravation des fluides qui doivent en maintenir la force & le ressort. Si les troubles sollicités dans l'œconomie animale ne paroissent pas constamment particuliers à quelques parties, la raison en est simple, puisque c'est le fond du tempérament qui est essentiellement affecté, & que la machine entiere est altérée dans son principe. De plus, dès que ce désordre n'a pas lieu sur une seule partie, il n'est pas surprenant qu'on ne s'apperçoive pas du mal dès son commencement, & que les animaux succombent subitement sans qu'aucun accident apparent ait précédé une chute qui n'arrive qu'aussi-tôt que l'harmonie est détruite au point d'éteindre le principe vital. Tous les progrès se font donc ici sourdement. La marche de la maladie est-elle moins obscure dans quelques-unes des brutes attaquées? Est-il en elles quelques parties sur lesquelles son action s'exerce sensiblement plutôt ou plus tard & avec plus de fureur? Ce ne peut être qu'à raison d'une infinité de causes occasionnelles capables de rendre un organe plus foible, & qui le disposent dès-lors à recevoir les funestes impressions de la dépravation générale; enfin le mal se manifeste-t'il par tous les symptomes effrayans qui l'accompagnent? ces symptômes font un ensemble de tous les caracteres de la putridité la plus complette, & la fiévre qui y est jointe peut être déclarée une fiévre putride & gangreneuse.

En ce qui concerne les tumeurs qui se montrent au-dehors, elles doivent certainement être regardées comme une crise salutaire, sur-tout lorsque les solides ont encore assez de force pour déterminer vers le lieu où l'engorgement a commencé une assez grande quantité des humeurs viciées, & pour en délivrer d'autant la masse.

Quant à la perversion des fluides, elle dépend des sucs mal élaborés, & d'ailleurs essentiellement éloignés eux-mêmes des qualités requises & nécessaires pour être changés en un sang pur & louable, mais nous penserions que cette perversion consiste plutôt dans la désunion & dans la dissolution des parties que dans (*a*) leur coagulation, ce dernier événement étant plus particulier aux fiévres inflammatoires dans lesquelles les solides irrités, crispés & redoublant de force, produisent plus de chaleur, plus de dissipation de la partie séreuse, & suscitent par une suite immanquable, l'épaississement de ce qui demeure soumis à l'action augmentée des vaisseaux.

Tous ces faits & tous ces principes supposés, nous ne voyons aujourd'hui qu'un plan de traitement à suivre pour triompher du fléau dont il est question. Les remedes capables de rappeller les solides à leur ton, d'en solliciter l'élasticité, de fournir au sang des parties balsamiques propres à maintenir l'union de ses principes, & à en prévenir, comme à en empêcher la dissolution, sont les ressources principales auxquelles on doit avoir recours. A l'égard des

(*a*) L'ouverture des cadavres examinés par M. Nicolau confirme cette opinion qui est directement opposée à la sienne.

tumeurs critiques, il s'agit de les conduire à une heureuse terminaison, & les évacuans acheveront la cure, car il n'est pas possible d'espérer, sans ce secours, & dans une maladie de cette éspece, d'expulser toutes les matieres dégénérées, & de rappeller entierement les liqueurs à leur premier état.

Nous observons encore que cette maladie est foudroyante, & que le moment où elle se déclare, est l'anéantissement de la machine qu'elle a insensiblement & sourdement sappée; ainsi tous délais seroient dangereux, & on ne sçauroit différer de la combattre, si on desire de la vaincre. Nous regardons donc tous les animaux de cette malheureuse contrée, même ceux qui paroissent les plus sains, comme portant en eux de sinistres atteintes du mal, & en conséquence on propose de les soumettre à un traitement préservatif.

Les moyens de corriger le vice de l'air, & de remédier à celui des eaux, doivent d'abord occuper autant que cette fatale épidémie désolera le Brouageais. On brûlera fréquemment hors des maisons, & sur-tout dans les endroits où sont situés les étables, les écuries, les bergeries, des plantes qui exhaleront beaucoup d'odeur. On préférera à cet effet le genevrier. On pourra y joindre & y substituer le genest, le bouleau, le peuplier, selon que ces bois seront plus ou moins communs dans le Pays; on les choisira même verts. Rien n'est plus capable de purifier (*a*) l'air, que l'évaporation des parties

---

(*a*) M. Leclerc, dans l'ouvrage que nous avons déjà cité, conseille de faire tirer du canon dans les Villages

ſalines & ſulphureuſes très-différentes des corpuſcules putrides qui exhalent des mares & des végétaux croupis.

On aura en ſecond lieu la plus grande attention à la propreté des lieux qui ſervent d'habitation aux animaux. On les nétoiera exactement de tout le fumier qu'ils contiennent, & que l'on enterrera ou que l'on brûlera avec ſoin. On les blanchira, on y brûlera fréquemment du genievre, du thym, du laurier ; on pourra même tenter d'y brûler du ſoufre, mais ce ne ſera qu'autant que les animaux en ſeront dehors (*a*).

En troiſieme lieu, on ſéparera avec la derniere exactitude les animaux ſains des animaux malades. Il s'exhale toujours du corps de ceux-ci des corpuſcules morbifiques qui infecteroient infailliblement ceux des premiers qui ne ſeroient qu'à une légere diſtance d'eux, & qui développeroient ou augmenteroient la diſpoſition qu'ils ont à participer à la maladie épi-

---

ſains, mais très-voiſins des Villages infectés. Quand la poudre brûle & détonne les eſprits volatils du nitre & du ſouffre qui entrent dans ſa compoſition, s'élevent, ſe répandent dans l'atmoſphere & le purifient par une vertu oppoſée à la nature du venin putride. Des buches allumées autour des lieux infectés, contribuent, dit-il, à la pureté de l'air. Le feu doit être conſidéré comme un ventilateur perpétuel. Il n'eſt point de poiſon connu, qui ne perde ſa vertu dans le feu ; ainſi l'air empoiſonné dépoſe tous les corpuſcules dont il eſt chargé, lorſqu'on le fait paſſer par-deſſus les flammes.

(*a*) Le même M. Leclerc obſerve que la vapeur du ſoufre eſt très-efficace, mais qu'il en faut uſer avec modération, parce qu'elle peut irriter la poitrine & produire des toux très-violentes. La poudre à canon brûlée, eſt encore, ſelon lui, très-bonne.

ſootique. On doit par la même raiſon, enterrer & mettre dans des foſſes très-profondes les animaux qui ſont morts, & même, s'il eſt poſſible, couvrir de chaux immédiatement les cadavres.

On comprend facilement en quatrieme lieu, que ce fléau fatal ne peut ceſſer dès que l'on continuera de donner aux animaux des alimens corrompus, tels que peuvent être les foins de la derniere récolte. On ſeroit heureux d'avoir des fourages de quelqu'autre contrée, mais au défaut de ces fourages, il importera de donner très-peu à la fois de ceux que l'on a. Il eſt plus avantageux de laiſſer maigrir les animaux que de les expoſer aux pernicieux effets qui réſultent d'une telle nourriture, ſurtout quand elle n'eſt pas épargnée.

Cinquiémement, les beſtiaux ne devroient être abreuvés que d'une eau courante. La choſe peut être impraticable; en ce cas, il faudroit corriger les mauvaiſes qualités de celles qu'on leur fait boire en y mêlant du vinaigre de vin juſqu'à une certaine acidité, ou du moins en plongeant dans une certaine quantité de cette même eau un fer rougi au feu, & en l'y éteignant pluſieurs fois. S'il étoit poſſible de la faire bouillir, de la blanchir, de ne nourrir même les animaux du Pays qu'avec du ſon & une légere quantité de grains, ce régime ſeroit très-ſalutaire, mais il nous ſemble difficile d'exiger que toute une contrée s'y conforme.

Sixiémement enfin, il ſeroit bon de les panſer & de les bouchonner fortement pluſieurs fois par jour avec des bouchons de paille dans l'intention d'exciter l'oſcillation des vaiſſeaux cutanés, & d'animer la circulation.

Les médicamens préservatifs à mettre en usage d'après l'idée que nous concevons de cette maladie, sont les bayes de genievre macérées dans du vinaigre de vin.

Prenez deux poignées de ces bayes, écrasez-les, laissez-les infuser vingt-quatre heures dans une pinte de cette liqueur, donnez-la en deux jours à l'animal, partie le matin, partie le soir, c'est-à-dire, un quart de pinte chaque fois. Réïtérez ce remede de huit en huit jours à ceux des animaux en qui on n'appercevra aucun signe de la maladie. A l'égard de ceux dans lesquels on entreverroit des signes mêmes légers d'abattement on leur administrera le remede suivant.

Prenez quinquina en poudre, limaille de fer de chacun deux gros, sel ammoniac un gros, mêlés dans un quart de pinte de vin ou dans une même mesure d'une forte décoction de bayes de genievre dans de l'eau, donnez avec la corne le matin & autant le soir pendant huit jours.

Venons à présent aux médicamens curatifs à substituer à cette méthode préservative.

La saignée paroît plutôt contre-indiquée qu'indiquée. Elle augmenteroit inévitablement la prostration des forces, l'inertie des solides, la stase des fluides & la putréfaction. Quant aux émétiques, ils seroient certainement très-convenables, mais ni le cheval ni les animaux ruminans ne vomissent point, & cette ressource nous est interdite. Il est donc question de séparer aussi-tôt l'animal de tous les autres, & de le priver de tout aliment solide, d'autant plus qu'il est évident par les observations faites sur le ventricule des cadavres, que la digestion est en défaut, & cette fonction est d'ailleurs toujours lésée dans les ruminans malades.

On fera dissoudre dans la boisson blanche ordinaire, de l'alun de roche, de maniere que l'animal en prenne demi-once par jour.

On donnera le remede qui suit le plutôt que l'on pourra. Prenez gomme ammoniac & assafœtida grossiérement pilés, de chacun demi-once; faites dissoudre, & pour cet effet légérement bouillir dans demi-pinte de vinaigre. S'il est beaucoup de choses étrangeres à la gomme, coulez la dissolution au travers d'un linge clair, sinon donnez-la telle qu'elle est à une chaleur supportable, & continuez plusieurs jours une fois seulement.

Dans la circonstance où le mal seroit plus grave, & où à peine auroit-on le tems de préparer la dissolution précédente, on aura recours à l'esprit volatil de sel ammoniac; on en donnera une demie-cuillerée à bouche que l'on éteindra dans un quart de pinte de vin ou d'infusion de geniévre, & cela trois fois le jour. S'il arrive de la sueur, on la soutiendra par une once de thériaque ou d'orviétan, que l'on délaiera dans les mêmes véhicules. Dans cette vûe on aura soin de couvrir l'animal, & sur la fin de la crise, on abattra la sueur avec le couteau de chaleur, & on le bouchonnera ensuite avec force.

Les tumeurs critiques exigent les plus grandes attentions. Dès qu'on en trouvera le moindre signe, on ne négligera rien pour attirer l'humeur au dehors; on appliquera sur celles qui sont dures dans le principe & qui ne paroissent point disposées à la suppuration, les cataplasmes les plus capables de réveiller l'oscillation des ſolides, & d'occaſionner une inflammation à la partie. Les épiſpaſtiques ou veſſicatoires rempliront cette intention.

Prenez mouches cantharides demi-once, euphorbe deux dragmes, le tout pulvériſé. Mêlez avec demi-livre de levain ou ſimplement de pâte fermentée & ſuffiſante quantité de vinaigre pour un cataplaſme d'une conſiſtance convenable, que l'on maintiendra douze heures ſur la partie tuméfiée, & que l'on réïtérera une ſeconde fois, ſi la tumeur ne paroît pas diſpoſée à être ouverte.

Auſſi-tôt que l'on appercevra de la fluctuation, ou ſeulement de la molleſſe, on pratiquera une ouverture avec le cautere actuel plutôt qu'avec l'inſtrument tranchant; le cautere cutellaire eſt préférable au bouton de feu : on l'appliquera rouge ſur la tumeur d'une extrêmité à l'autre, & juſqu'au foyer de la matiere. Les panſemens ſeront faits avec l'onguent ægyptiac & le ſuppuratif mêlés à parties égales, & on n'oubliera pas de faire à chaque panſement, c'eſt-à-dire, deux fois le jour, des lotions avec de l'eau & de l'eau-de-vie, dans laquelle on aura fait fondre deux gros de ſel commun ſur une pinte d'eau commune, & demi-pinte d'eau-de-vie.

La ſuppuration étant bien établie, le pus étant louable, & la pourriture n'étant plus à redouter, on panſera la plaie plus ſimplement avec l'onguent digeſtif ordinaire, fait avec la térébenthine & un jaune d'œuf battu, l'huile d'hypericum & l'eau-de-vie.

Enfin, dès que les grands accidents de la maladie ne ſe montreront plus, & que la ſuppuration des tumeurs tendra à ſa fin, on emploiera néceſſairement, & on réïtérera les purgatifs (*a*). Ces évacuans peuvent être employés sans crainte, & le préjugé seul peut en faire abdiquer l'usage.

Au surplus, comme tous les remedes recommandés sont des remedes échauffans, on aidera l'excrétion des matiéres qui pourroit être retardée, par le moyen de plusieurs lavemens simples que l'on placera entre ces remedes une ou deux fois seulement, & en quelque tems que ce soit, à l'exception de celui des sueurs pendant lequel ils doivent être rejettés.

Il seroit sans doute inutile de prévenir de la nécessité de proportioner les doses des remedes à la petitesse & à l'âge plus ou moins avancé des animaux.

(20) Il est une maladie épisootique dont nous avons parlé (note 2) & qui fait assez souvent de grands ravages. C'est la péripneumonie, ou l'inflammation de poitrine. En voici les signes dans l'animal vivant.

Une toux plus ou moins seche, qui quelquefois se fait entendre peu fréquemment dans le commencement & qui redouble sur la fin.

Une fiévre très-sensible & très-caractérisée.

Une oppression plus ou moins grande, qui augmente lorsque l'animal a mangé, & qui quelquefois n'éxiste point, ce qui néanmoins est très-rare.

Le dégoût qu'on apperçoit à mesure que le mal fait des progrès.

Le défaut de rumination dans les bœufs

(*a*) On donnera le breuvage de cette sorte qui a été employée lors de la terminaison de la maladie qui a régné à Mezieux.

&c

& autres animaux ruminans comme eux, mais ce ſigne eſt équivoque en ce qu'il eſt commun, ainſi que nous l'avons dit, à toutes les maladies graves qui les attaquent.

La puanteur de l'haleine.

La ſécheresse des naſeaux à leurs orifices & celle de la bouche & de la langue.

Quelquefois un écoulement de matiéres plus ou moins épaiſſes & plus ou moins blanchâtres par les naſeaux.

Mais ni le ſixiéme ſigne ni les ſuivans ne ſont pas toujours conſtans.

Ceux qu'on obſerve dans l'animal mort ſont la lividité, l'engorgement des poumons, les échimoſes, les puſtules abſcédées, les taches gangréneuſes qui en chargent la ſurface ainſi que les différentes croutes gélatineuſes & de diverſes couleurs qui y tiennent légérement; les abſcès, les infiltrations purulentes qui dégradent l'intérieur d'un des lobes, ou ſeulement de l'une de ſes portions, ou des deux lobes enſemble; leur pourriture, leur adhérence à la pleure qui, quelquefois paroît plus épaiſſe, enflammée, ſuppurée, ou gangrenée; des épanchemens conſidérables d'une eau rouſſâtre, putride, fort écumeuſe & aſſez ſouvent ſanieux & purulens, &c.

L'abattement, la foibleſſe, une grande difficulté de reſpirer, une toux continuelle, la rougeur des yeux, la ſechereſſe de la langue, un râlement, la puanteur de l'haleine ſont des ſymptômes mortels, comme l'abſence de ces mêmes ſymptômes eſt un ſujet & un motif d'eſpérer.

Cette maladie dont les cauſes les plus ordinaires ſont les variétés de l'atmoſphere, les pluies froides & abondantes auxquelles les animaux sont exposés, le passage subit d'une étable chaude à ces mêmes pluies, &c. demande des secours très-prompts.

Il est de la plus grande importance de saigner à la jugulaire les animaux qui en sont atteints, & même de leur tirer une assez grande quantité de sang, & de répéter la saignée le premier, le second & le troisiéme jour, s'il en est besoin, car le sang tiré qui ne se coagule point & qui demeure délié & fluide indique l'inutilité d'une pareille opération, il paroîtroit alors que les matiéres les plus épaisses sont retenues dans les poumons, & que les plus tenues sont les seules auxquelles ils ont permis un passage.

Les lavemens émolliens & rafraîchissans produiront les meilleurs effets, donnés & réïtérés deux & même trois fois dans la journée pendant cinq ou six jours. Ils sont indiqués dans la note 19 à l'article où l'on traite de la maladie qui a régné à Mezieux.

On ne tiendra pas les malades à des alimens solides, à moins qu'on n'en donne très-peu & seulement pour les soutenir ; encore doit-on préférer à toutes sortes de fourages la farine de froment mêlée avec du miel & dont on pourra faire des pillules nutritives qu'on leur administrera de tems en tems.

La boisson ordinaire sera l'eau blanche. On y ajoûtera si la toux est violente le mélange suivant.

Prenez fleurs de violettes, & de coquelicot de chacune deux poignées ; versez sur le tout six livres d'eau d'orge bouillante. Faites infuser pendant une heure, coulez, ajoutez à la colature trois onces de miel commun. Mêlez avec la boisſon qui ſera donnée toujours tiéde. Au défaut de ce mêlange, l'eau blanche ſera miellée.

Des billots placés une ou deux fois par jour dans la bouche de l'animal, produiront de très-bons effets.

Prenez ſix figues graſſes, cinq onces de miel commun & roſat; pilez les figues, mêlez; triturez avec le miel.

Ou bien quatre onces de ſyrop violat, ſix jaunes d'œufs, cinq onces d'eau diſtillée de roſes; mêlez & garniſſez en un billot.

Une attention très-ſalutaire ſeroit de faire reſpirer de tems en tems au malade les vapeurs de l'eau chaude, de maniere que ces vapeurs entrent & pénetrent avec l'air inſpiré dans ſes poumons.

Quand la toux eſt très-forte, répétée, & qu'elle fatigue étrangement l'animal, on peut outre l'addition faite à la boiſſon ordinaire, adminiſtrer le bol ſuivant.

Prenez blanc de baleine, poudre de régliſſe de chacun trois dragmes, pilulles de cynogloſſe une dragme, mêlez avec ſuffiſante quantité de conſerve d'althœa pour un bol béchique anodin.

Si la fiévre, ſi l'oppreſſion & les autres ſignes diminuent, on donnera tous les matins à jeun, un bol compoſé d'agaric en poudre, de fleurs de ſoufre, d'iris de Florence pulvériſés; on prendra deux dragmes de chacun qu'on mêlera avec ſuffiſante quantité de miel commun.

Mais ſi l'affaiſſement & la putridité, ſuites ordinaires des fortes inflammations, ſont à craindre, on adminiſtrera le bol ſuivant.

Fleurs de ſoufre ſix dragmes, blanc de baleine deux dragmes, poudre de cloportes, gomme ammoniac, de chacun une dragme & demie, myrrhe une dragme, miel blanc suffisante quantité, incorporez le tout. Faites deux bols à donner en deux fois. On pourroit même employer utilement le quinquina, le camphre & le miel. Prenez du premier trois dragmes, du second une dragme, du troisiéme qui aura bouilli dans suffisante quantité de vinaigre jusqu'à ce qu'il ait repris sa consistance ordinaire, tout ce qu'il en faudra, pour du tout former une pilule qui sera donnée le matin à jeun & suivie deux heures après, d'une ou de deux cornes d'une forte décoction de bayes de genievre ou d'enula campana, & dans le cas où l'animal jetteroit par les naseaux, d'un breuvage fait avec les feuilles de pervenche, de pied de lion, de veronique, de lierre terrestre de chacune une poignée qu'on fera bouillir dans l'eau commune jusqu'à diminution d'un tiers. On coulera, on ajoûtera quatre onces de miel rosat & on donnera en deux fois. Alors le premier bol dans lequel entre la fleur de soufre ne sera donné que le soir.

Tels sont les remedes à employer relativement aux animaux en qui la maladie auroit fait des progrès qui mettroient hors d'état de pratiquer des saignées. Le dernier breuvage est surtout d'une nécessité absolue dans la circonstance d'une peripneumonie maligne, telle que l'est souvent celle qui se répand sur les bestiaux, cette maladie n'étant pas au surplus contagieuse comme quelques-uns l'ont cru, & étant autant qu'on en peut juger celle qui s'est manifestée en 1764 sur les chevaux, sur les poules & sur les chiens, & qui semble se renouveller celle-ci sur les premiers.

On en termine la cure par un ou deux lavemens purgatifs.

Prenez feuilles de séné trois onces, versez sur ces feuilles deux livres & demi d'une décoction émolliente bouillante. Faites infuser pendant une heure, coulez, délayez dans la colature de catholicon trois onces pour un lavement.

Mais on ne doit avoir recours à ce remede que lorsque les principaux symptômes sont dissipés, & que dans les animaux ruminans la rumination annonce le rétablissement des fonctions de l'estomac.

Du reste les influences de l'air étant plus considérables dans cette maladie que dans toute autre, on n'y exposera pas les malades dans un tems froid & pluvieux. Les étables & les écuries ne seront ni trop chaudes ni trop froides; on en renouvellera souvent l'air, on les parfumera même, principalement si la maladie est épizootique, en y faisant évaporer sur des charbons ardens de tems en tems, une très-modique quantité de vinaigre.

Quant aux médicamens préservatifs, ils consistent à garantir les animaux sains des causes de la maladie, à la prévenir par une légere saignée, à les tenir soigneusement couverts, à leur donner pour boisson ordinaire l'eau blanche & même des lavemens émolliens dans le cas où l'on entreverroit en eux quelques dispositions au mal à redouter.

(21.) On ne se propose pas de considérer l'Auteur dans les idées qu'il se forme des effets des différens médicamens qu'il prescrit; mais pour faciliter l'écoulement de la morve, il vaut mieux relâcher la membrane pituitaire par des injections d'une décoction d'orge miellée;

que de chercher le secours des mixtes qui en augmenteroient l'irritation.

(22.) On trouve dans la nouvelle édition de la Maison rustique, un remede que les Médecins ont conseillé depuis qu'ils l'y ont vû. Ce remede consiste dans l'action de ratisser la portion malade de la langue avec une cuillere ou une piéce d'argent jusqu'à effusion de sang, & de bassiner ensuite deux fois par jour cette même partie avec un mélange de vinaigre, de sel, de poivre, d'ail & de poirée bien pilés. Une pareille méthode est simple & peut être bonne; cependant dans le cas où le mal auroit fait certains progrès, il ne seroit pas impossible qu'elle fût insuffisante. On lui en a substitué une qui paroît plus conforme aux vrais principes, & qui a été mise en usage dans la Généralité de Moulins sur trois cens trente bêtes à cornes qui toutes ont été guéries.

On s'est d'abord occupé du soin d'administrer aux animaux sains les remedes préservatifs. Dans cette intention, on a saigné ces mêmes animaux à la jugulaire, & cette opération a été suivie de lotions fréquentes sur la langue, de boissons acidules nitrées & de parfums.

La lotion a été du vinaigre, du poivre, du sel, de l'assa-fœtida concassé; on a mêlé le tout, il a macéré, on a remué, & on a ensuite frotté la langue & toutes les parties de la bouche dans les deux machoires avec cette liqueur. On a spécialement étuvé la langue dessus, dessous & dans ses côtés avec un linge qu'on a imbibé. Quelquefois on a ajoûté une demi-once de sel ammoniac à cette lotion qui a été réïtérée suivant les circonstances.

La boisson étoit de l'eau blanchie; suivant

la méthode ordinaire ; on y mettoit de criſtal minéral une once, & du vinaigre de vin juſqu'à une certaine acidité.

Les parfums n'étoient autre choſe que l'évaporation du vinaigre ſur des charbons ardens dans les écuries. Il eſt arrivé auſſi qu'on a pris de bayes de geniévre quatre poignées, d'abſynthe, de racine d'aunée, de feuilles de ſabine, de chacune deux poignées, de la myrrhe une once : on a pulvériſé le tout, qu'on y a fait brûler ſur un réchaut.

On a de plus fait macérer dans ſuffiſante quantité de vinaigre des bayes de geniévre que l'on a donné à la doſe d'une poignée dans du ſon deux fois par jour.

Dans les lieux où la contagion à été extrême, le breuvage qu'on a preſcrit a été compoſé de deux poignées de feuilles de rhue, qu'on a fait infuſer dans demi-pinte de vin rouge. On y a ajoûté quelques gouſſes d'ail, des bayes de geniévre, & deux dragmes de camphre. On en a donné tous les matins à jeun une corne à chaque animal, & on eſt parvenu dans le Bourbonnois par tous ces moyens, à préſerver deux cens vingt-cinq bœufs ou vaches dont pluſieurs communiquoient avec les animaux malades.

Quant au traitement de ceux-ci, on a défendu toute ſaignée, on a recommandé les parfums, & en ce qui concerne la tumeur, on a cru qu'il étoit préférable & plus sûr de la faire emporter avec le biſtouri ou les ciſeaux que de la ratiſſer ſimplement. On a ordonné des ſcarifications exactes dans le fond & ſur les bords de l'ulcere. On a fait étuver enſuite cinq ou ſix fois par jour la partie ulcérée & la langue entiere avec de la teinture de myrrhe & d'aloës, ou avec de l'eau-de-vie chargée de sel ammoniac & de camphre, à la dose de demi-once de l'un & de l'autre sur huit onces de cette même eau. Le camphre s'y dissout insensiblement en triturant peu à peu dans un mortier, & en augmentant la dose d'eau-de-vie à mesure de dissolution. Du reste des lotions faites avec le vinaigre, dans lequel, comme le conseille l'Auteur, on aura délayé de la thériaque, & auquel il seroit bon d'ajoûter du camphre, seront aussi véritablement bien indiquées. On feroit même très-bien d'en faire avaler une ou deux cuillerées chaque fois qu'on les emploiera, car on ne sçauroit se persuader que dans la circonstance d'une maladie dont les effets sont si rapides & si cruels, que la langue des animaux peut être coupée & tomber en moins de vingt-quatre heures, il suffira de la traiter extérieurement. Aussi a-t'on cru devoir prescrire ensuite les alexiteres suivans.

Prenez racines de contrayerva & d'aunée en poudre de chacune trois dragmes, une vipere seche que l'on met en poudre, de camphre une dragme, mêlez avec suffisante quantité d'extrait de genievre, formez une pilule, donnez à l'animal.

Ou bien prenez racine de dompte-venin, d'impératoire, d'aunée, d'angélique, à la dose de demi-once chacune, faites bouillir dans deux livres de vinaigre rosat jusqu'à diminution d'un tiers. Ajoûtez à la colature une once d'orviétan, partagez en deux doses, dont une sera donnée le matin à jeun & l'autre le soir, ayant soin de bien couvrir les malades pendant l'effet du remede. Dès-lors on n'aura point à redouter que le mal ait des retours, quelquefois d'autant plus funestes qu'il se présente ensuite sur d'autres parties & sous une différente forme, ainsi qu'on a été à portée de s'en convaincre. Il importe au surplus de bien panser & de bien étriller les animaux, tant sains que malades, d'en visiter plusieurs fois dans le jour la bouche pour juger de son état, car ce charbon ne s'annonce pas par d'autres signes extérieurs, &c.

(23.) Tous les symptômes qu'on apperçoit dans cette maladie (*Voyez* la note 10) décelent une maladie inflammatoire, contagieuse, & par conséquent compliquée d'un venin subtil dont les premieres impressions sont à peu-près égales à celles de tout corps héterogêne introduit dans la masse, & dont le séjour & la marche dans les routes circulaires, infecte entierement les liqueurs. Plus ce venin dans l'homme éprouve d'obstacles, plus il s'irrite. La force des solides, l'état enflammé du sang assurent, pour ainsi dire, ses ravages, & son activité est en quelque façon mesurée au dégré de résistance qu'il rencontre. On ne sçait si la fougue du virus variolique dans le mouton est en proportion de l'âge, de la vigueur ou de la délicatesse de l'animal; mais il faudroit pouvoir comparer la nature de celui qui lui est propre & de celui dont nous sommes tributaires pour expliquer comment il ne s'amortit pas entierement dans un tempérament naturellement lâche, froid & humide, tel qu'on le suppose dans la brute dont il s'agit, tandis qu'il semble s'éteindre en quelque façon dans des hommes d'un tempérament froid & aqueux. On doit désespérer de résoudre une multitude de points que nous voyons hors de notre portée, & s'en tenir absolument ici à la considération des simples effets. Le caractere inflammatoire de la maladie, la nécessité indispensable de débarrasser les sucs de la matiere contagieuse qui les envenime, voilà les deux objets qu'il n'est pas permis de perdre de vûe; ainsi d'une part, séparation des particules enflammées & vénéneuses, & de l'autre, expulsion de ces mêmes particules. L'agitation excitée dans les fluides par la présence du venin même opérera la séparation. Quant à l'expulsion, on ne peut l'attendre que de la suppuration & du desséchement des petites inflammations locales produites par la matiere que l'augmentation du mouvement détermine & chasse à l'extérieur. Prévenir l'excès de foiblesse ou de violence de ce mouvement, & conduire les pustules à une heureuse maturité, tel est l'ouvrage proposé au Médecin capable de suivre & d'écouter la nature. Le succès en effet dépendra toujours de l'attention la plus rigoureuse aux tems, aux circonstances, aux différens périodes du mal. Que l'on cherche indifféremment à précipiter l'éruption par des remedes agissans, par des cordiaux, souvent on augmentera la malignité, & si malheureusement les particules morbifiques ne sont pas encore assez délayeés & assez atténuées, elles ne pourront jamais atteindre à la superficie, & leur reflux infectant toujours les nouveaux sucs, on occasionnera l'inflammation des visceres & une foule de désordres internes semblables à ceux dont le cadavre qu'à fait ouvrir M. Borel lui a laissé entrevoir les traces. S'attachera-t'on au contraire à diminuer le mouvement tumultueux des liquides, & choisira-t'on de préférence une méthode purement antiphlogiſtique? On éteindra peut-être la force néceſſaire, on nuira à la ſéparation, & l'on concentrera le venin. Il en ſera de même de la ſaignée, des lavemens, des évacuans; qu'on les mette en uſage, on riſquera d'interrompre l'éruption ou la ſuppuration, & de rappeller l'ennemi en dedans; ainſi nulle vûe très-ſalutaire & très-bonne en elle-même qui ne ſoit meurtriere & vicieuſe dans de certains cas. Il eſt dans la médecine vétérinaire comme dans la médecine humaine des variations, des modifications indiquées par le genre, par le moment, par les ſymptômes des maladies. Ces variations & ces modifications à pratiquer & à ſaiſir à propos demandent des lumieres réelles & feront toujours l'écueil contre lequel l'empiriſme échouera. A la bonne heure que dans de légeres indiſpoſitions que le régime ou certains petits remedes généraux adminiſtrés dans le principe peuvent réprimer, l'animal ſoit confié aux ſoins & à l'attention d'un Maréchal ordinaire ou d'un Paſteur, mais on ne peut l'abandonner ainſi dans des maladies graves, & ſur-tout lorſqu'il s'agit de parer aux ravâges d'un venin inſidieux.

Quoi qu'il en ſoit, de toutes ces vérités qui conſtituant véritablement ce qu'on appelle l'art de guérir, démontrent d'une maniere convaincante la néceſſité des Ecoles vétérinaires, on rendra compte ici de pluſieurs expériences faites avec prudence & reflexion à trois lieues de la Ville de Lyon, dans un Village appellé *les écherres*. Une moitié de troupeau fut attaquée du claveau. On ſépara auſſi-tôt la moitié ſaine de la moitié infectée; mais quoique toute communication fût interdite, il y eut encore quelques brebis que ce venin n'épargna pas ; & qu'on fut obligé de réunir aux autres. On chercha à parer à la contagion par des parfums convenables & propres à purifier les bergeries, & en nettoyant ces mêmes lieux de toutes les ordures qui pouvoient y causer & y perpétuer l'infection.

On commença par appliquer des véficatoires dans la partie latérale interne des cuisses des malades du claveau discret comme du claveau confluent. Au lieu des véficatoires on mit en usage le séton pour quelques-uns, la suppuration fut bientôt établie par l'un & l'autre de ces moyens, & produisit des effets sensiblement avantageux. On n'abandonna pas les premiers de ces animaux entierement à la nature, on l'aida quand on la vit en défaut par des décoctions de bayes de geniévre, par des décoctions de safran à la dose d'un quart d'once dans une livre d'eau & l'on administra ces remedes avec la corne. Dans le claveau d'un genre confluent, la perfidie du venin inspira plus de défiance. Le quinquina est une des substances les plus capables de prévenir la gangrene & même de la détruire ; il forme un remede tonique qui favorise la suppuration & la rend louable ; toutes ces vertus déterminerent donc à y avoir recours. On prit demi-once de racine de dompte-venin, que l'on fit bouillir dans une livre d'eau commune. On mit dans la colature une dragme de quinquina en poudre ; on fit bouillir de nouveau, & on donnoit tous les jours soir & matin le marc avec la corne, on eut même la précaution d'ajoûter dans chaque breuvage dix grains de sel d'absynthe pour donner plus d'activité au quinquina.

On tenta ſur d'autres moutons infectés d'un claveau de ce dernier genre l'épreuve du camphre. On en délayoit trente grains dans un jaune d'œuf, on mêloit le tout dans la valeur d'une corne des décoctions ci-deſſus, & on adminiſtroit ce remede le matin & le ſoir.

Enfin les animaux les plus malades inviterent à ſonder la nature ſur ces deux ſubſtances réunies. On les adminiſtroit à quelques heures de diſtance l'une de l'autre, de façon que dans la matinée on donnoit un breuvage de quinquina & un breuvage de camphre, & autant l'après-midi.

Quant aux atteintes ſur les yeux, on employa le collyre ſuivant.

Prenez deux poignées de feuilles de coings, deux dragmes d'écorce de grenade, une dragme de grains de ſumach, faites infuſer le tout dans une livre d'eau commune tiéde pendant quelques heures; faites bouillir enſuite légérement, filtrez, & après avoir mis dans huit onces de cette décoction huit grains de ſaffran commun en poudre & deux grains de camphre, fomentez les yeux de l'animal.

La ſuite de ce traitement, auquel on joignit à propos des lavemens émolliens & que l'on termina par des purgatifs fut aſſez heureuſe, puiſque de vingt-deux moutons ou brebis attaqués, il ne périt qu'un ſeul malade.

(24) Nous dirons un mot ici d'une maladie ſouvent particuliére, mais quelquefois épizootique qui a échappé avec quelques autres aux recherches de l'Auteur. C'eſt la dyſenterie. Dans le dernier de ces cas elle n'eſt jamais bénigne; elle eſt conſtamment accompagnée d'une fiévre légere dans le principe, mais qui accroît dans la ſuite au point qu'elle devient aſſez fréquem-

ment la maladie principale. Les symptômes en sont, outre des déjections sanieuses, purulentes, sanglantes, outre des tranchées, des ténesmes, une chaleur énorme d'entrailles, la chûte du fondement, &c, tous ceux qui annoncent une fiévre caractérisée de malignité. Communément à l'ouverture des cadavres, on trouve les intestins ou desséchés, ou dilatés par des vents, contenant une matiére purulente, & toujours enflammés, ulcérés, sphacelés ; la rate est enflée & putride, le rectum surtout est dans le plus mauvais état, & on y rencontre des caillots de sang pur, mêlé par fois à de la sanie, &c.

Si les bestiaux attaqués ne sont pas dans l'abattement, la saignée à la jugulaire est très-bien indiquée. Des breuvages faits avec huile d'olive ou de navette, une once, sur laquelle on verse un verre d'eau & un demi-verre de vinaigre de vin, ne le sont pas moins ; on peut en donner soir & matin.

La boisson ordinaire doit être l'eau blanche, à laquelle on joindra un tiers d'une décoction de corne de cerf. La nourriture ne sera que de l'orge, de l'avoine, du seigle, qu'on aura fait bouillir.

On pourra, selon les circonstances, recourir au diascordium dont on donnera une once délayée dans suffisante quantité d'eau blanche légérement acidulée par le vinaigre.

Les lavemens surtout ne seront pas épargnés ? On prendra son de froment quatre poignées, feuilles & fleurs de bouillon blanc de chacune une poignée, semences de fénugrec, de lin, de chacune demi-once ; on fera bouillir le son, les feuilles & les semences dans cinq livres d'eau commune jusqu'à diminution d'un tiers. Sur la fin de l'ébullition, on mettra les fleurs ; on les laissera ensuite infuser : on coulera & l'on fera fondre dans la liqueur deux chandelles pour un lavement.

Le lavement qui suit doit être employé dans le besoin & lorsque les tranchées sont vives, on le compose avec la même décoction ; mais au lieu des chandelles, on y ajoûte syrop de diacode trois onces, ipécacuanha en poudre demi-once ; il produit des effets merveilleux.

Quelquefois on a recours aux détersifs. Prenez feuilles de mille-pertuis & de pervenche, de chacune une poignée ; faites bouillir dans la même quantité d'eau commune indiquée ci-dessus jusqu'à même diminution ; coulez, ajoûtez-y térébenthine de venise deux onces, & quatre jaunes d'œufs, le tout broyé ensemble pour un lavement.

Le nitre, le camphre, sont souvent très-efficaces.

Prenez sel de nitre une once, faites fondre dans deux livres de décoction d'oseille, donnez avec la corne en deux doses.

Ou bien prenez nitre, camphre, de chacun deux dragmes ; mêlez avec suffisante quantité de miel pour un bol.

Il seroit au surplus, très-difficile d'indiquer ici tous les cas où la méthode doit varier. C'est d'après les différens caractères des maladies & la diversité de leurs progrès & de leurs effets, que le Maréchal doit se déterminer ; il n'est point de regle immuable dans les traitemens que l'on entreprend, aussi le plus grand Praticien est-il communément fort au-dessous de son art, dès qu'il est dépourvû de l'avantage supérieur que donne une saine théorie.

(25) Ni le safran des métaux, ni l'assa-fœ-

tida ne sont point purgatifs, ils sont diaphorétiques, & en ce sens, on peut les regarder comme évacuans mais non comme ayant les effets qu'on leur suppose ici.

(26.) Les soins les plus assidus pour préserver les champs & les pâturages de la naissance & de la pousse d'herbes mauvaises & nuisibles, seroient toujours superflus. On ne peut en effet les purger de toutes celles qui y croissent, en detruire le mêlange & s'opposer d'ailleurs aux effets des vents qui y portent indifféremment des semences de toutes les especes. Du reste, tous les efforts prescrits ici par l'Auteur pour décharger l'herbe d'une rosée pernicieuse & de la rouille, sont aussi insuffisans qu'il est impraticable de donner dans certains Pays aux animaux une autre nourriture que celle que la terre, en quelque façon souillée, fournit à leur détriment & à leur ruine.

(27.) L'Auteur est, quant aux précautions auxquelles il invite, parfaitement d'accord avec Lancisi, dans son Traité indiqué note 7. Nous observerons qu'on n'a point assez d'attention à celles que doivent avoir lesMaréchaux, de ne point entrer dans les écuries des malades avec leurs habits ordinaires de laine & de cotton qui se chargent trop aisément des vapeurs & des exhalaisons & qui les conservent trop long-tems; ils devroient du moins les couvrir d'un surtout de toile cirée, & se laver soigneusement les mains, & même le visage, avec du vinaigre, en sortant des étables, car très-souvent ils portent eux-mêmes le mal dans celles qui sont exemptes de la contagion. Il seroit encore à desirer que de malheureux Cultivateurs ne fussent pas les premiers à en fomenter les progrès

progrès & la durée, ſoit par leur négligence à ſe conformer à ce qu'on leur preſcrit de ſoins pour leurs beſtiaux malades, ſoit par la crainte qu'ils ont d'accepter les ſecours qui leur ſont offerts. On en a vu dans la Paroiſſe de Sauvagnat en Auvergne cacher ſoigneuſement la maladie de leurs bœufs, & enterrer ſecrettement, dans les étables où ils étoient confondus avec des animaux ſains & exempts de tous maux, ceux que la mort venoit de leur enlever. C'eſt moins à la défiance qu'ils ont de l'efficacité des remedes qu'on leur propoſe qu'à l'appréhenſion des dépenſes dans leſquelles ils redoutent d'être entraînés, qu'on doit imputer une conduite auſſi repréhenſible, & qu'on n'aura peut-être plus à leur reprocher, lorſque dans toutes les circonſtances de maladies épiſootiques, on chargera les Provinces de ſubvenir aux frais qu'il eſt inévitable de faire, non-ſeulement pour l'avantage des Paroiſſes infectées, mais pour celui des Paroiſſes qu'il importe de préſerver & de garantir du fléau qui dévaſte les premieres.

(28.) La mâchoire ſupérieure du bœuf n'a point de dents inciſives; il ne ſuit pas de cette privation que cet animal coupe l'herbe avec la langue. Il ſe ſert de cette partie quand il broute pour ranger, pour ramaſſer l'herbe en forme de faiſceau, & ſes machelieres en coupent la pointe; auſſi ne broute-t'il que celle qui eſt longue & ne porte-t'il aucun préjudice aux prairies ſur leſquelles il ſe nourrit. Il n'ébranle nullement les racines, il enleve les groſſes tiges & détruit peu-à-peu l'herbe la plus groſſiere. C'eſt ainſi qu'il bonifie les pâturages.

F I N.

APPROBATION.

J'Ai lû par ordre de Monſeigneur le Vice-Chancelier, un Manuſcrit ayant pour titre : *Mémoire ſur les Maladies épidémiques des Beſtiaux, qui a remporté le Prix propoſé par la Société Royale d'Agriculture de la Généralité de Paris, pour l'année 1765, par M.* BARBERET, *Médecin, &c. avec des Notes inſtructives*; J'ai cru que le Public réuniroit ſon ſuffrage à celui de la Société Royale d'Agriculture, & qu'il applaudiroit à la réſolution qu'elle avoit priſe de le donner à l'impreſſion. A Paris ce 8 Juin 1766.

ROUX.

☞ Le Privilege ſe trouve aux autres Ouvrages de la Société Royale d'Agriculture.

www.ingramcontent.com/pod-product-compliance
Ingram Content Group UK Ltd.
Pitfield, Milton Keynes, MK11 3LW, UK
UKHW020332230726
13925UKWH00002B/757